巴菲特给青少年的人生忠告

赵　知◎编著

中国纺织出版社

内 容 提 要

本书以巴菲特的人生经历作为切入点，以巴菲特给青少年的忠告为主题，解读巴菲特如何融合自己的智慧和阅历，向青少年传授面对挑战时的生活和学习态度，最终创造属于自己的美好人生。青少年也可以从这本书中学会如何尊重、爱护一个人，如何发扬自己的长处，弥补自己的短处。总之，你会发现，只要你成为最好的自己，成功就会是你可以采撷的果实。

图书在版编目（CIP）数据

巴菲特给青少年的人生忠告 / 赵知编著. --北京：中国纺织出版社，2014. 7（2023.6重印）
ISBN 978-7-5180-0242-9

Ⅰ.①巴… Ⅱ.①赵… Ⅲ.①成功心理—青少年读物 Ⅳ. ①B848. 4-49

中国版本图书馆CIP数据核字（2014）第078038号

策划编辑：郝珊珊　　特约编辑：蒋向利　　责任印制：储志伟

中国纺织出版社出版发行
地址：北京市朝阳区百子湾东里A407号楼　邮政编码：100124
销售电话：010—87155894　传真：010—87155801
http：//www.c-textilep.com
E-mail：faxing@c-textilep.com
官方微博http：//weibo.com/2119887771
永清县晔盛亚胶印有限公司印刷　各地新华书店经销
2014年7月第1版　2023年6月第2次印刷
开本：710×1000　1/16　印张：14
字数：136千字　定价：78.00元

前言

一个人在青少年时期可以一帆风顺，可以跌跌撞撞，可以迷途知返，但是唯独不可以平庸。一个在青少年时期就得过且过的人，不要说实现梦想，就是今后做好自己的本职工作、担负起自己的社会责任都是一件艰难的事。没有人生来就是为了做一个平庸的人，这种愿望在青少年时期显得尤为强烈，但是这种愿望如果没有合适的价值观作为引导，往往会让人被虚荣、功利和世俗所熏染变质。

物质欲望极度膨胀的当代社会，虽然给了人们多元化的价值观，却也让人们被功利主义和拜金主义迷住了双眼。信息社会中成长的青少年非常容易早熟，但这种成熟却常常限于世俗社交方面，许多青少年在心智上仍然不够成熟，甚至可以说是幼稚。

那么，如何能够让青少年获得更多心灵的成长呢？这是许多家长都密切关注的问题，也是许多青少年走向成熟必须经受的历练。

许多人都知道“股神”巴菲特从手中的一只股票起家，凭着出色的投资头脑，为自己赚得了万贯家财的经历。但是很少有人知道，他5岁的时候就在家门口摆起小摊卖口香糖，和小伙伴在高尔夫球场捡球赚外快，虽然这些经历并不是他成功的唯一理由，但是他在这些生活上表现出来的人生态度和人格魅力却感染着许多人。

或许当代的青少年很少有像巴菲特一样从小为生计奔波的经历，但是这仍然不影响我们在他的人生经历中收获心灵的滋养以助自己成长。当代青少年因为生活环境的安逸和父母老师的备加呵护，往往会陷入以自我为中心的误区，依赖性很强，内心敏感脆弱，因而很难拥有锤炼心灵和品格的机会，更显得缺乏气度和个人魅力。巴菲特身上的人格特质正是弥补这些缺陷的良药。

翻开本书的任何一章，你都能从那些琐碎的生活工作细节背后看到一个笑容可掬的老者，他或许并不完美，但是他却凭着自己的坚持和努力塑造着自己，也在不经意之间影响了身边的环境、股市甚至整个世界。这种人格魅力或许让你高山仰止，但是你仍然可以把他的忠告牢记于心，并且在日常生活中得以运用实践。总有一天，你不再会被外界的繁华和虚荣所诱惑，而是潜心追求你真正想要的东西，渐渐地你就会发现自己的人生道路越走越开阔，而你也在这种借鉴过程中发现了最好的自己。

编著者

2014年5月

目录

[第四章]
独立是成长的最高境界

[第五章]
任何时候都要选择快乐

[第六章]
永远不要逃避和妥协

[第十章]

世上唯有贫穷可以不劳而获

[第十一章]

财富也可以创造希望

第一章

做独一无二的自己

你的人生由你打造

“去自己要去的地方，而不是自己现在所在的地方。”

巴菲特夫妇在教育子女方面，目标非常明确，他们希望孩子能够做出自己的选择，在所做的每件事中留下属于自己的特殊印记。

巴菲特告诉孩子：“你的人生由你打造。”职位地位或财富潜力并不重要，重要的是活出自己的风采，活得开心和快乐。所以他的大女儿成了一位投身教育事业的家庭主妇；长子霍华德成为经营一家农场的兼职摄影师；而小儿子彼得则选择了音乐之路。他们没有一个人所谓“子承父业”——进军金融界！

世界上没有相同的两片树叶，人不能两次踏入同一条河流。每个人的一辈子都有着不同的过法，有的也许轰轰烈烈，流芳千古；有的也许平平淡淡，只在自己家人、朋友脑海里留下一个不甚清晰的身影。选择的钥匙就在你手里，由你决定自己的路往何方。

“什么？你要退学？”

“是的，妈妈，我想经营一座农场。”

当霍华德向母亲提出这个埋藏自己心底多年的想法时，巴菲特夫人苏珊非常诧异，因为无论在什么社会，读完书再工作已经成为一条定律。她决定和丈夫巴菲特商量一下再说。

一向对子女采取宽松教育的巴菲特也开始犹豫了，他不知道这是霍华德一时的冲动还是真的深思熟虑的结果，他必须弄清楚这个问题。在一个夜晚，巴菲特找到霍华德好好地谈了一次。原来霍华德自小就羡慕那种田园生活，希望在一片土地上播种希望，收获梦想。看到儿子讲起农场时候发亮的眼睛，巴菲特不禁想起了年轻时候的自己。

年幼的巴菲特就对经济产生了浓郁的兴趣，满脑子都是如何做生意。他五岁时就在家中摆地摊兜售口香糖；稍大后就带领小伙伴到球场捡用过的高尔夫球，然后转手倒卖，生意颇为红火。上中学时，除利用课余做报童外，他还与伙伴合伙将弹子球游戏机出租给理发店老板，挣取外快。当读到价值投资鼻祖格雷厄姆的《聪明的投资者》一书时，他就像一个迷茫的信徒受到神的指引一样，一下子顿悟，并不断学习，最终成就了自己的事业。

想到这里，巴菲特语重心长地告诉霍华德，人的能力有时候并不需要学校的一张毕业证书来证明，读大学也并不是所有人的必经之路，所以他不反对儿子的退学决定。不过这不是喝水吃饭这么简单的一件事，如果开农场真的是儿子的梦想，退学也无可厚非；但如果这只是霍华德一时兴起，那么退学将成为他人生永远的痛。

人生在世，不如意者常有八九。但一个人被迫从事自己不喜欢的事，绝对是最大的痛苦。不管别人看法如何，你的生活都是由自己经历，都是自己在感受。只有过上你自己喜欢的人生，你才能创造性地把它做好，你的主动性会不知不觉地发挥出来，你会享受自己的人生旅途。大部分人之所以过得不快乐，就是因为他们是为别人而活，他们的人生是被别人设计的。

所以巴菲特还是赞成儿子自己的选择，只要他能够完全把握好这件事的得失。不过霍华德毕竟以前没有开过农场，也许好好经营一块土地对那些从小就和泥土打交道的农夫来说实在是简单得不能再简单的事情了，但对于霍华德来说，这就是理想和现实的差距了。当巴菲特在大学学习投资方面的内容时，有同学问他到底一天花多少时间来准备功课，巴菲特回答说自己无法精确知道自己花了多少时间，因为他一直在读书、温习功课，他认为“我已经准备得足够好了”这种事是对自己不负责任，天上不会无缘无故地掉下馅饼，任何事情都需要你去准备和了解。巴菲特把这个道理告诉了霍华德：要想实现自己这个梦想，必须付出极大的努力和艰辛。

于是霍华德卖了祖父给他的股票，买了一台推土机，开始务农。他按市价向父亲租用了一家农场，尝试协助农民生产更多的农作物。后来他更远赴非洲，致力于一场对抗贫穷与饥饿的战争。他最雄心勃勃的计划是，让非洲农民能够免费使用抗旱玉米生物科技成果。

真正的爱，不是约束，不是占有，而是让对方过得更好。在孩子们还非常小的时候，巴菲特就对他们进行着宽松教育，让他们喜欢什么就玩什么。他所做的就是让孩子们不接触毒品等那些真正伤害人一辈子的事物，因为人是一个社会动物，如果违背伦理道德，违背法律民风而追求自己的“个性”，终究会误人误己。他从不因为自己的好恶左右孩子们自己的判断，他更多的时候只是一个守卫者，而不是一个领路者。要想孩子一生过得灿烂和充实，就必须让他们充分发挥自己的潜力，做自己喜欢的事情。

无独有偶，还有不少成功人士抱有和巴菲特一样的想法。大名鼎鼎的纽约市前市长、“彭博资讯”创始人迈克尔·布隆伯格就是一个这样的人。乔治娜是布隆伯格最小的女儿，她不想进军商界和政界，而喜欢体育。2003年，她在北美青年马术锦标赛上夺得人生第一块个人金牌，并准备进军2012年伦敦奥运会。乔治娜多数时候和母亲住在纽约北部小镇的马场里，在那里苦心练习马术，但付出的代价也很大：背部受伤，锁骨两处骨折，还曾摔成脑震荡。但是这些都没让乔治娜放弃对马术的喜爱与坚持，她的自立顽强让她荣登福布斯“最迷人的亿万富豪千金”排行榜。

保·特纳在美国是一位颇有影响力的环保人士，然而他的父亲比他的名气更大：CNN创始人、前总裁泰德·特纳，福布斯财富榜上著名的亿万富翁。同样，他父亲也没有强迫他子承父业，去新闻界或者商界大展手脚，而是尊重了他自己的意见。保·特纳成立了“特纳青年环保中心”，旨在培养年轻人的户外生存技能，向他们灌输尊重自然的意识，然后教会他们有关生态系统的知识。《纽约时报》将保·特纳称为美国最有影响力的环保人士。

“老甲壳虫”之女斯特拉·麦卡特尼也是一个例子。12年前，当斯特拉从伦敦的中央圣·马丁艺术与设计学院毕业的时候，她不过是人们眼中另一个明星大腕的女儿罢了。但经过多年的努力，她现在的身份已然为之一变，现在的她已经是享誉世界时装界的先锋人物。

出道后，她曾为一家著名时装公司设计了两款系列时装，在此之后便坐上了这家时装公司创意总监的宝座，当时她只有25岁。有传闻说，斯特拉在Chloé时装屋的前辈卡尔·拉格菲尔德对此曾做过这样的评价："这家时装公司应该向大人物伸出邀请之手。他们确实这样做的，我希望斯特拉能够像她的父亲一样才华横溢。"

霍华德最终靠自己的努力证明了自己的决定是正确的，过了几年以后，同样的情况再次发生，巴菲特的小儿子彼得也决定从斯坦福大学退学，从事自己的音乐事业。彼得后来说："我的父母总是鼓励我去找寻自己的幸福，我可以做自己喜欢的任何事情，他们在这一点上很真诚，但这是他们的真实想法吗？父母对孩子寄予着他们自己的喜好和自己的梦想，这难道不是朴素的人性吗？如果我选择音乐这个前途未卜的非主流行业，我会让他们失望吗？如果我选择一个与学历无关的领域，会不会'浪费'了斯坦福大学的优越教育机会呢？"

巴菲特没有让自己的孩子失望，在听取彼得详细的规划以后，他又一次支持了孩子的决定。他对彼得说："彼得，你知道吗？你和我其实在做同一件事情，音乐是你的画布，伯克希尔—哈撒韦公司是我的画布，我每天都在上面画上几笔。"

父亲的事业如此成功，却把自己的工作和彼得的音乐事业相提并论，这让彼得非常感动，也更加尊重父亲，父亲能承认自己也在全力追寻的自己选择的人生，这就是对自己最大的肯定。

果然，经过数十年的钻研，彼得成为一位优秀的音乐人，他推出了多张音乐专辑，获得无数荣誉，在自己的人生画布上画出了精妙绝伦的图案。

巴菲特在投资领域享受了人生的快乐和趣味，同样，他的子女们也在各自的领域发挥着自己的特长与技能。人生其实就是一条长长的跑道，我们都在上面奔跑。每个人的选择不一样，你所看见的风景也就不一样。只要找准自己真正热爱的事业，并全身心地投入进去，你就会在彩虹的尽头找到金子。

你的人生由你打造，做独一无二的自己，书写你不可复制的故事吧！

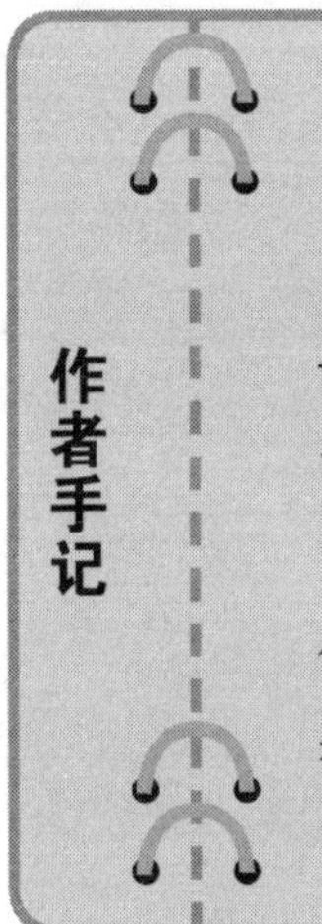

父母教育孩子的时候最喜欢挂在嘴边的一句话就是：这是为了你好。殊不知，真正为子女好，就是给他们选择的自由。

子女某种程度上是父母的影子，所以很多父母把自己的理想设置成为孩子们的梦想，然而，当孩子们自己无法选择自己的生活时，他们就如同鸟笼里的小鸟，永远也不会快乐和自由。

让孩子们找到自己的兴趣，寻找到自己的方向，把成才的钥匙把握在自己的手中，而家长更多的只需要给他们提供帮助和支持，这样就可以让很多孩子实现自己的梦想——说不定，下一个郎朗或者下一个马克·扎克伯格，就是你家的孩子呢。

审视内心，寻找目标所在

“生活的关键是，要弄清谁为谁工作。”

如果一个人说自己从未迷惑过，那么他一定是说谎；如果一个人说他从此不再会迷惑，那么他一定是有了目标，知道如何继续下面的生活。

巴菲特的女儿苏茜刚刚踏入社会没多久，就遇到所有新人都会碰到的问题：无穷的工作加上疲惫不堪的身体，使她感觉很无助：自己是不是选择错了方向？

看到女儿如此的沮丧，巴菲特也感到十分难过，于是他决定好好开导一下自己亲爱的女儿，他仔细询问了女儿这么萎靡不振的原因。

苏茜回答道："爸爸，我感觉自己失去了工作的热情了，我不理解为什么我的工作是这么的劳累，而收入却如此微薄？我实在不知道自己这么干下去还有什么意义。"

巴菲特意识到，他必须好好给苏茜做下思想工作。因为如果一个人开始质疑自己的人生意义，若处理不好，将会带来非常严重的后果。

"你喜欢你现在干的工作吗？"

"本来是喜欢的，但现在发现我并不是十分适合……"

经过和女儿的沟通，巴菲特发现女儿其实是很热爱自己的职业的，只不过工作过程中的琐碎消耗掉了她的热情，理想与现实的差距让她感到疲惫不堪。这些因素使得她开始怀疑起自己的选择。

于是巴菲特告诉女儿，任何杰出人物刚开始的时候也都彷徨过，痛苦过。人生道路开始的时候是很艰辛，你会觉得自己很多时候都在做无用功，你选择的路不一定是人生的捷径，所以你可能比别人辛苦一些。但是，如果这份事业是你真正喜欢的，为梦想坚持一下也是应该的。何况，你现在还年轻，等你发现自己走得不对的时候，你还可以重新开始。人生是漫长的，如果你刚开始走错了路，这是太正常不过的事情了。

虽然女儿当时过得十分辛苦劳累，但巴菲特知道女儿选择的是条她自己喜欢的路，虽然开始并不好走，却是一个很好的方向。只要女儿能够积累起足够的经验，那么后面的路也就会慢慢平坦起来。

最后巴菲特告诉女儿：你刚开始做一件事时，并不见得有一幅具体图像或对未来的想象；但是只要你持续保持热情，在真正热爱的工作上努力，你一定会找到那个梦想的。

我们很多时候需要审视我们的内心，寻找我们人生的目标和方向，巴菲特有句名言——“如果你发现了一个你明了的局势，其中各种关系你都一清二楚，那你就行动，不管这种行动是符合常规还是打破常规，也不管别人赞成还是反对”。

如果目标和方向正确，就算前进的道路坎坷艰辛一点也是值得的。一个人能否选择一条正确的道路，关系到他的发展和前途，所以巴菲特并没有在女儿最脆弱的时候要求她放弃自己的工作，而是让她自己好好想一想，自己来做抉择。

巴菲特始终关注着自己孩子的成长，大儿子霍华德是一个有着极大热情与抱负的人，当他一心一意地准备办农场以后，可是缺乏资金，他决定找父亲借钱完成这个计划。当巴菲特听完霍华德的计划以后，并没有立刻把钱给儿子，而是告诉霍华德：不要一开始就将自己的目标定得太高，如果目标偏离了实力太远，就成了幻想。人生是一个不断征服的过程，等有了足够实力，再制订更远大的目标，再去做更详细的规划。所以他不同意一开始就给儿子一大笔钱。霍华德于是卖了祖父给他的股票，先买了一台推土机来开创事业，并不断地了解和学习如何建设好一个农场。

我们要不断地阅读自己，修订自己的目标。在人生的每个时期都设置一个目标，在这个时期的中间或者是快到下一个时期前，你能完成你的预定目标，你就是成功的。当你完成你的阶段性目标时，你会感到自己的努力没有白费，一切的辛苦和劳累都是值得的。

在你的日常生活和学习中，你会发现，许多人似乎是不分白天黑夜地埋头苦干。但是，当你问他们这样是为了什么的时候，他们大多会以摇头作答，甚至无言以对。因此，事实上，他们虽然在干，却对自己的明天与未来一无所知。他们没有目的与目标，所以，他们一无所知、一无所获。

没有方向的船很容易在大海中迷失方向。古罗马哲学家塞涅卡曾说过："有人活着没有任何目标，他们在世间行走，就像河中的一棵小草，他们不是行走，而是随波逐流。"可见，缺乏目标的人是不可能取得成功的，等待他们的只有失败。

巴菲特给孩子们讲过这样一个故事：

有个牧人将刚挤的一桶鲜奶放在墙下，墙上有三只小青蛙打闹时不小心全部掉进了奶桶里。就这样三只小青蛙游也游不动，跳也跳不起。

第一只青蛙说："难怪早上眼皮就在跳，好端端掉进牛奶里，我的命好苦啊！"然后它就漂在奶里一动不动，等待着死亡的降临。

第二只青蛙试着挣扎了几下，感觉到一切都是徒劳，绝望地说："今天死定了，我还不如死个痛快，长痛不如短痛！"于是它一头扎进牛奶深处，自己淹死了。

第三只青蛙什么也没说，只是拼命蹬后腿。第一只青蛙说："算了吧，没用的，这么深的牛奶桶，再怎么蹬也跳不出去啊。"

“也许能找到什么垫脚的东西呢！”第三只青蛙说，“我要找到垫脚的东西，跳出这可怕的桶！”于是，这第三只青蛙一边划一边跳。慢慢地，鲜奶在它的搅拌下变成了奶油块。在奶油块的支撑下，这只青蛙奋力一跃，终于跳出了牛奶桶。

第三只青蛙正是因为心中抱有明确的目标——“找到垫脚的东西，跳出这可怕的桶”，才有力量驱使它去寻找各种的可能，最终跳出了牛奶桶，挽救了自己的生命。

人生是受目标驱使的。当我们很小的时候，我们看到别人走路、讲话、读书、骑车等，我们就下定决心也要学会这些本领。虽然我们并不是有意识地这样做，但我们确实是为自己树立了目标。尽管达到这些目标不是件容易的事，但我们还是要努力取得成功，没有目标的人则永远不可能找到前进的道路。

经过一段时间摸索，霍华德深思熟虑以后再次找到父亲，和他商量自己的下一步规划。这次巴菲特同意帮他买下内布拉斯加州一座农场，但依照巴菲特的典型作风，他依市价向儿子收取租金。有了自己农场的霍华德谨记父亲的忠告，阶段性地设立目标。一段时间以后，霍华德加入谷物加工处理大厂Archer Daniels Midland公司董事会，并成为公司的副总裁，完成了他的“农场梦”。在该公司的工作经历开启了他关注农业的全球视角。后来有一回，他到非洲准备拍摄羚羊与斑马，突然看到贫穷的农民纵火清理土地，在地上留下烧焦痕迹。于是霍华德领悟到要保护非洲生态环境，就得先解决广大人民的粮食问题，于是他又设定了新的目标：解决全球饥饿问题。

当霍华德获得父亲的捐赠以后，他名下的基金会斥资约3800万美元推动各项计划，包括开发抗病虫害的甘薯、提供小额信贷及协助农民把栽种的作物卖给联合国救助饥荒行动。其中最雄心勃勃的计划，是让非洲农民能够免费使用美国孟山都公司开发的抗旱玉米生物科技成果。

巴菲特对子女的一番忠告并不是他一时兴起想出来的，而是有着深刻的经验教训的。在他11岁时候，他劝自己的姐姐以每股38美元买下了300股城市服务公司的股票，后来这只股票跌到每股7美元，于是姐姐一直责怪巴菲特；后来这只股票终于升到40美元了，于是巴菲特要自己姐姐赶紧出手，将手里的股票卖掉，但是没想到后来这家公司的股票升到了每股80美元。从这件事上，巴菲特悟出了他终身遵守的两条准则：

第一，设立目标必须通过严谨的思考和精密的计算。

第二，目标设立后，绝不轻易放弃和改变，尤其是核心目标。

刚开始，巴菲特是为了挣许多的钱，于是努力地学习投资，精明地进行投资。后来随着钱越挣越多，他开始享受挣钱的感觉，而这又成为他新的目标。

没有目标的人就如同无头苍蝇一样，虽然不停地在飞，但是始终抵达不了目的地。人生短暂，失去的时间无法再回来，如果我们有个清晰的目标，我们就可以大大节省时间，提高效率。

几年以后，当小儿子彼得告诉父亲，自己并不想进军华尔街，而是想实现自己的音乐梦想，巴菲特还是很高兴，因为他知道，在自己潜移默化的影响和彼得哥哥姐姐的行动感召下，彼得已经知道自己想要什么，并且拥有了自己的短期目标、中期目标以及最终的梦想。

生活需要动力，而没有目标的人生就如同一潭死水。我们需要的是完成一个又一个小目标，这些小目标最终会让我们的事业由涓涓细流变成滔滔江河。当我们取得成功以后，再回头看我们以前的悲与泪，你会发现不管当时是多么苦闷阴暗的日子，总会有一缕阳光照进我们的生活。这就是希望，实现我们目标过程中的希望。

学会规划自己的目标是杰出人士的一个习惯，每个时期应该做什么，都写在一张纸上，放在自己的口袋里，时刻鞭策自己，确保自己能够完成这个目标，这才是最重要的。目标不是负担，而是责任；目标不是空空的口号，而是美好的想法。

其实，人生就是一场马拉松比赛，我们的目标就是抵达终点。当你感到呼吸急促，体力不支的时候，需要调整你的“步幅”与“呼吸”；在最后冲刺的时候也需要咬紧牙关，坚持再坚持！

作者手记

犹太人智慧全书《塔木德》上说：“一位百发百中的神箭手，如果他漫无目标地乱射，也不能射中一只野兔。”

没有理想的人生是可悲的，因为那会让人在很多时候迷茫自己存在的价值。在如今浮躁的社会，谈理想与抱负似乎是一件很可笑的事情。其实不然，如果没有目标这张靶，你的人生之箭又能射向何方？

将那些宏大的理想拆成一个个微小的目标，你就会发现人生每天都充满了挑战。“不积跬步，无以至千里。不积小流，无以成江海”，从小目标做起，一步一个脚印，踏踏实实地做，终有一天会有所收获。

崇尚工作而非报酬

“吸引我从事工作的原因之一是，它可以让你过你自己想过的生活。你没有必要为成功而打扮。”

巴菲特曾说：“现实是，工业社会的逐利性使我们认为，努力挣钱，再花钱买到你很少用到的东西，你就会得到满足，但你从中永远得不到快乐。多即是好的概念使我们成为金钱的奴隶，何不尝试一下少即是多呢？你会从中找到另一番天地。”

到底是一份你喜欢的工作重要，还是一份可观的薪水重要？

也许苏茜、霍华德、彼得最有权利回答这个问题：因为他们只要愿意，他们就可以在华尔街大展身手，在父亲的帮助和指点下轻松地赚取大量的真金白银。这在别人眼里唾手可得的机会却被他们放弃了，是他们不差钱？或者已经过上了极其富庶的生活？

答案又是否定的。苏茜很多时候需要自己打工才能买上一两件“奢侈”的衣服；霍华德办农场找父亲借钱，还得给父亲支付和银行利息一样的利息；而彼得干脆直接向银行借贷买房子！

原来，巴菲特家族有独特的家族价值观——崇尚工作而非报酬。

首先，崇尚工作并不是很多人的错误理解的那样，认为良好的工作态度就是每天加班加点地拼命工作，即使他对这份工作毫无激情，甚至心生厌恶。如果按照上述思路，单纯的努力、压制自己的喜好和时间上的付出，都算得上是基本的美德。

但这根本不是美德，这只不过是自己在折磨自己罢了！或者毫不客气地说，这是惰性和缺乏想象力的表现。为什么你不腾出一些时间和精力，来干一些自己真正喜欢的事情，或者下定决心换一份自己喜爱的工作呢？

巴菲特告诉孩子们：良好的工作态度，首先就在于发掘自我。当你从事自己喜欢的工作时，就算工作多么艰辛，多么劳累，你都会有一种开荒的快感，甚至产生一种完成任务的神圣感。

在孩子们的回忆里，父亲巴菲特大多时候都是在家里工作。他会长时间待在书房里研究大量深奥的书籍。“后来我才知道，他读的是《价值线》和《穆迪投资》——数以千计的公司及其股票的统计分析等内容。”即使巴菲特研究的都是看起来很枯燥的课题，但他依然全神贯注，心无旁骛。就像彼得所说：“他在研究那些内容的时候，可以轻松达到类似犹太祭师研究卡巴拉圣典或是佛教僧人深思禅经那样的境界。”

巴菲特说，这些在外人眼里乏味到极点的工作，为什么能让我保持如此源源不断的激情？这是因为，我从不为钱而工作，虽然最后我也获得了金钱，但这是工作的副产品——对我投资才华的肯定。真正的是工作的实质：激发我无穷的好奇心，验证我对实际业绩的预测能力，体验挖掘价值和新机遇的可能性。

巴菲特认为，崇尚工作报酬而非工作本身所带来的一个问题就是，报酬随时有可能被人夺走。有些人在谈论对待财富的态度的时候，会认为他们是在谈论工作态度。他们声称自己非常看重勤勉、自律和毅力，但他们并非真正推崇这些素质，他们真正推崇的是这些素质带来的财富。他们崇

尚的是收益，而非过程。

但是凡是经历过经济危机的人，都知道你获得金钱的机会很容易被人偷走。假如有人在自身无错的情况下公司倒闭了，那是否就能由此推断：他前一天很成功、后一天很失败呢？假如有杰出的企业家，因为国际大环境的动荡失手，是否就因此认定他已经一无是处了呢？

巴菲特曾经碰到过一个名校毕业的学生，他的成绩不错，人也很聪明。巴菲特问他："下一步你打算做些什么？"他回答说："可能继续读个MBA吧，然后去华尔街的大公司，简历上看着漂亮点，钱也能挣到更多些。"

"那么你就不想出去旅游或者找个女朋友吗？而且据我观察，你对金融投资什么的一点都不敢兴趣……"

"我倒是想去非洲拍摄野生动物，可是，您知道，我需要更多的钱来生活。"

巴菲特给他的意见是："等一下，你才这么年轻，你做了这么多事情，你的简历比我看到过的最好的还要强十倍，现在你要再找一个你不喜欢的工作，你不觉得这就好像是把黄金埋进土壤里吗？而且你已经挣得不少了，你应该选择你真正热爱的行业。"巴菲特给他的告诫是，不要只是因为让自己的简历看上去风光无限，而去做一些自己不喜欢的事情，选择那些自己热爱的工作才是最重要的。

所以我们要常常问问自己：我们为什么要工作？工作到底意味着什么？我们每天日出而作、日落而息，一周五天连轴转，有时周末都要用来加班，究竟值不值得呢？无论是刚走出校门踏进职场的学生，还是已在职场打拼多年的老员工，都会被这类问题所困扰。如果不把这些问题想清楚，我们便无法集中精力工作，以致在职业的道路上步履维艰。只有对此有了充分的认识，获得了完美的解答，我们才能信心满怀地奋然前行。

事实上，古今中外大凡卓有成就的人无不对此问题有着深刻的认识。正是领悟了工作的真谛所在，这些人才迸发出超乎常人的热情，从而在正确的工作观的激励和引导下，做出了超越常人的卓越成就。所以，每个参加了工作的人，首先必须对工作有一个正确的认识。想从平庸走向卓越的人，尤其要对此有深刻的理解。因为只有正确的工作观才会使人产生持久而强大的工作热情，正确的工作观是成功路上的指路明灯。

大凡有所成就的人，都不把薪水作为主要目的，而是把工作当作自身进步的阶梯。

英国著名科学家法拉第想进皇家科学院工作，知情人告诉他：“在那里，工作是十分劳累的，报酬却很少。”法拉第毫不在乎地说：“工作本身就是一种报酬。”总而言之，你是在为自己工作。在工作中，不断丰富自己、提高自己最为重要，薪水不是主要目标，发展才是工作之本，成功才是终极目标。

美国著名作家阿尔伯特·哈伯德说：“工作所给你的，要比你为它付出的更多。如果你将工作视为一种积极的学习体验，那么，每一项工作中都包含着许多个人成长的机会。”一个人如果总是为自己到底能拿多少工资而大伤脑筋的话，他是看不到工资背后的成长机会的，当然也不会重视自己从工作中获得的技能和经验。事实上，决定一个人未来发展的恰恰是这些技能经验和成长的机会，而不是现在可以拿到多少薪水。

卓越的人士都具备这样一种认识，在工作中他们都更加看重自己所做的工作能给自己带来什么成长和机会，能否实现自己的人生抱负，而不是去关注自己能挣多少钱。因为他们知道：从长远来看，获得挣钱的本领比挣钱本身更重要。正是这种正确的认识，使得他们能够比同职位的其他人成长得更快，也将更早获得成功。

工作不仅是挣钱的一个职位，也是一个实现自我价值、展现个人能力的平台。实际上，我们每个人的能力与价值可以在工作中获得完善和提高。哪怕你是旷世奇才，没有了工作的平台，你的才能也只能储存在体内而不能发光。工作可以使我们释放能量，让我们体验到实现自身价值的满足感。

在这方面，巴菲特用自己的行动感染着孩子们。彼特依然记得，当年，身穿卡其布裤子和破毛衣的父亲在书房里踱步，脸上带着一种近乎圣洁的平静表情，他说自己被深深地震撼了。这就是真正的快乐，工作的快乐。或许，从那个时候开始，父亲就在他心头埋下了一颗种子，让他一路奔向自己所钟爱的音乐事业。“他从来不教导我什么，他希望我学习的，都是用他自己的行动表现出来的。”

生命本很短暂，我们工作、奋斗正是为了实现自我价值，能够把自己的才华淋漓尽致地发挥出来。如果把金钱当成唯一的指标，这样的生活是乏味而缺乏激情的。我们完全可以看得更远，站得更高，从更加高深的层面来看待问题。崇尚工作，而非报酬，我们要让有限的生命发出璀璨的光芒。

作者手记

很多科学家都是为了实现自己的人生价值而工作的，比如爱因斯坦。

为了避免耗费人生有限的时光，爱因斯坦善于根据目标的需要进行学习，使有限的精力得到了充分的利用。他创造了高效率的定向选学法，即在学习中找出能把自己的知识引导到深处的东西，抛弃使自己头脑负担过重和会把自己诱离要点的一切东西，从而使自己集中力量和智慧攻克选定的目标。

1952年，以色列鉴于爱因斯坦科学成就卓越，声望颇高，加上他又是犹太人，当该国第一任总统魏兹曼逝世后，邀请他接受总统职务，但是他却婉言谢绝了，并坦然承认自己不适合担任这一职务。

现在不少人，他们从事工作和研究的唯一目的就是赚钱或者谋取权力与地位，偏离了人生真正的航向。对此，值得我们深思。

第二章

士兵要有一颗元帅的心

不想当元帅的士兵不是好士兵

"在生活中，如果你正确选择了你的英雄，你就是幸运的。我建议你们所有人，尽你所能地挑选出几个英雄。"

虽然霍华德和彼得都未能完成大学学业，但这并不代表巴菲特放纵孩子们。对于巴菲特来说，创造出一个能让孩子们追求自己喜爱的东西的环境，是自己应尽的责任。他是希望自己孩子过得精彩，过得充实。

精彩和平庸是一对反义词。巴菲特曾告诉他的孩子们：每个人的路都不一样，我不要求你们也像我这样能获得巨大财富和声望，但是你们必须不能甘于平庸，你们必须活得快乐，并为自己的梦想而活。

正如美国诗人惠特曼诗中所说：我，我要比我想象的更大、更美，在我的体内我竟不知道包含这么多美丽这么多动人之处……人是万物的灵长，是宇宙的精华，我们每个人都具有让生命更加美丽的本能。为"生命本能"效力的就是人体内的创造机能，它能创造人间的奇迹，也能创造一个最好的你。

我们每个人心里都有一幅"心理蓝图"或一幅自画像，有人称它为"自我心像"。自我心像有如电脑程序，直接影响一个人行为的运作结果。如果你的心像想的是做最好的你，那么你就会在你内心的“荧光屏”上看到一个踌躇满志、不断进取的自我。同时，还会经常听到“我做得很好，我以后还会做得更好”之类的信息，这样你就会成为一个最好的你。

巴菲特认为，如果自己的孩子将自己定位在一个平庸者的位置上，那样的话就不太好办了。人生应该是有希望和目标的。他们不是一个个傀儡，也不是一个个玩偶，他们应该有独立的思想。

巴菲特曾将马克·戈尔曼的一段话告诉了孩子们：

我曾经看过《圣经》中的一个故事。耶稣和他的门徒经过长途跋涉，又累又饿。耶稣走到一棵美丽的无花果树跟前，但树上没结任何果子，耶稣因此诅咒了那棵树。第二天，当他们经过那棵树旁时，一个门徒发现它已经枯死了。

近来再读这故事时，我注意到了以往数次阅读所忽略的东西：《圣经》说树上没果子，是因为当时不是无花果树结果的时节。我自然要问：“上帝，您对这棵树的审判岂非过于严酷了？任何一棵无花果树在那时都不会有果子的。”

就在当晚的凌晨两点，我从床上坐了起来，因为上帝对我说话了。他说：“如果你所做的一切都会自然而然地来临，那么人们就不会记起我了。”

上帝不希望我们只做那些与生俱来的事情，不要只做那些舒适与方便的事情。对于我们来说，顺其自然是平庸无奇的。平庸是你我的最后一条路。耶稣以那棵小树为例告诉我们应该怎样去做。他希望那棵树不但要多产而且要终年结果实。为什么可以选择更好时我们总是选择平庸呢？为什么我们不好好利用一年的365天呢？为什么我们只能做别人正在做的事情呢？为什么我们不可以超越平庸呢？

如果一个人顺其自然的话，那么他就不可能赢得奥林匹克运动会的金牌，能把金牌拿回家的运动员必须要超越已有的纪录。

在巴菲特办公室的墙上有一块金属饰板，上面刻着这样的话："卓越就是比别人更为执着，卓越就是比别人更敢于冒险，卓越就是比别人更富于梦想，卓越就是比别人有更高的期望！"

这就是通往卓越之路！

选择卓越的一生吧！追求这个目标，追求这个梦想，你能做到的。

巴菲特认为，人的职业并无高低贵贱之分，但有的人碌碌无为，有的人却有一番豪情壮志。世上没有完美无缺的人，但确实有伟大和平庸之分。

不想当元帅的兵不是好士兵，没有远大理想的人注定平庸。巴菲特用自己的人生做了一个假设，如果他从小甘于平庸，他会有现在的位置吗？他会有对人生如此的认知高度吗？没有，肯定没有！平庸者的高度与成功者的高度永远不会在同一水平线上。

我们的内心是否强大，关系到我们的未来。当我们不再相信自己，将自己的勇气和信心都锁进心里的时候，我们就再也完不成心中积极向上的誓言了。所以，想要人生按照自己的方向前行，想要生命中所有的潜能都爆发出来，就要敢于突破心中的枷锁、突破自我。

一个人要想获得成功，没有一个伟大的梦想是不行的。唯有伟大的梦想，才能激励你冲破艰险，排除万难，走向成功。

美国一位哲人曾这样说过："很难说世上有什么做不了的事，因为昨天的梦想，可以是今天的希望，并且还可以是明天的现实。"

梦想是什么呢？梦想是对美好未来的向往与追求，它在我们的生命中是不可或缺的。没有泪水的人，他的眼睛是干涸的；没有梦想的人，他的世界是黑暗的。

梦想对一个人是很重要的，一个没有梦想的人，就像断了线的风筝一样，没有任何的方向和依靠；就像大海中迷失了方向的船，永远都靠不了岸。只有梦想可以使我们有希望，只有梦想可以使我们保持充沛的想象力和创造力。

要想成功，必须具有梦想，而你的梦想决定了你的人生。

一位成功人士回忆他的经历时说："小学六年级的时候，我考试得了第一名，老师送我一本世界地图，我好高兴，跑回家就开始看这本世界地图。很不幸，那天轮到我为家人烧洗澡水。我就一边烧水，一边在灶边看地图，看到一张埃及地图，想到埃及很好，埃及有金字塔，有埃及艳后，有尼罗河，有法老王，有很多神秘的东西，心想长大以后如果有机会我一定要去埃及。

"我正看得入神的时候，突然有一个大人从浴室冲出来，胖胖的，围着一条浴巾，用很大的声音跟我说：'你在干什么？'我抬头一看，原来是我爸爸。我说：'我在看地图！'爸爸很生气，说：'火都熄了，看什么地图！'我说：'我在看埃及的地图。'我父亲跑过来'啪、啪'给我两个耳光，然后说：'赶快生火！看什么埃及地图？'打完后，又踢了我屁股一脚，把我踢到了火炉旁，用很严肃的表情跟我讲：'我给你保证，你这辈子不可能到那么遥远的地方！赶快生火！'

"我当时看着我爸爸，呆住了，心想：'我爸爸怎么给我这么奇怪的保证，真的吗？我这一生真的不可能去埃及吗？’20年后，我第一次出国就去埃及，我的朋友都问我：‘到埃及干什么？’那时候还没开放观光，出国是很难的。我说：‘因为我的生命不要被保证。’于是我就自己跑到埃及旅行。

“有一天，我坐在金字塔前面的台阶上，买了张明信片寄给我爸爸。我在明信片上写道：‘亲爱的爸爸：我现在在埃及的金字塔前面给你写信。记得小时候，你打我两个耳光，踢我一脚，保证我不能到这么远的地方来，现在我就坐在这里给你写信。’写的时候我的感触很深。我爸爸收到明信片时跟我妈妈说：‘哦！这是哪一次打的，怎么那么有效？一脚踢到埃及去了。’”

俄国文学家列夫·托尔斯泰说：“梦想是人生的启明星。没有它，就没有坚定的方向；没有方向，就没有美好的生活。”

正因为霍华德有着田园梦想，他才会投身农业，为对抗全球饥饿问题而努力；正因为彼得不甘心庸庸碌碌过一生，所以他能够成为一名杰出的音乐家。

而巴菲特本人也是如此，在巴菲特很小的时候，他就尝试了各种让自己实现愿望的机会。随着年龄的增长，他的愿望也在不断变化，但是目标坚定不移。从挣一点点的钱到现在挣一笔笔的钱，挣钱是巴菲特的爱好。巴菲特直言不讳地说，看着金钱的数字一个个增多是一件非常有趣的事情。为了拥有它，他愿意全力以赴，甚至于明明知道在实现目标的过程中会遇到太多的惊险，但是他认为这就是不断超越自己的过程。

梦想能激发人的潜能。心有多大，舞台就有多大。人是有潜力的，当我们抱着必胜的信心去迎接挑战时，我们就会挖掘出连自己都想象不到的潜能。如果没有梦想，潜能就会被埋没，即使有再多的机遇等着我们，我们也可能错失良机。

有了梦想，你还要坚持下去，如果半途而废，那和没有梦想的人也就没有区别了。如果你能够不遗余力地坚持，就没有什么可以阻止你的理想实现。

梦想是前进的指南针。因为心中有梦想，我们才会执着于脚下的路，坚定自己的方向不回头，既不会因为形形色色的诱惑而迷失方向，更不会被前方的险阻而吓退。

有一部电影叫作《一球成名》，这部励志电影讲述了一位热爱踢球的少年穆内兹的奋斗史。他从默默无名到和皇马巨星同场竞技，期间经历了无数的坎坷和考验，支撑他的就是自己的梦想。“人因梦想而伟大”，如果你观察一下周围，一定会发现，成功的人一定是那些有梦想和拒绝平庸的人。

如果你也希望自己的人生光彩炫目，第一件事就是要学会“做梦”，因为人类社会所有的进步都是一个个美梦成真的过程。因此，我们要拥有一个梦想，并为之奋斗，拒绝平庸，活得精彩！

起点并不重要，关键是你最终抵达了哪里

“你成功以后，你的奋斗史才会有人听。”

巴菲特一家待人亲和，一点没有有钱人的架子。早在20世纪50年代末和60年代初，巴菲特夫妇就积极参加当时的民权运动，反对种族主义以及

隐藏在其背后的偏见与仇恨。

他们夫妇告诉孩子们：人生来是平等的，没有贵贱之分，所以孩子们从小就学会平等宽容待人。

苏茜有一个同学名叫艾玛，由于家境并不富裕，加上性格内向，她有一些自卑。而苏茜性格开朗，经常和艾玛一起说话。有一天，苏茜邀请艾玛去他们家玩。

按艾玛的想象，苏茜家一定是金碧辉煌，高贵典雅，可是当她步入巴菲特家大门的时候，她彻底震惊了：这分明就是一个普通人家的布置！她原本想象之中的那些奢侈品一件也没有，浮现在眼帘里都是朴实无华的家具以及巴菲特父母慈祥的笑容。

在饭桌上，艾玛怯生生地问了巴菲特一个问题：巴菲特先生，您说，我这样的人能成功吗？

听到可爱的艾玛这么说，巴菲特严肃了。他告诉艾玛：人的出身也许有高有低，但是这和你的最终成就毫无关系。你取得的最终成就取决个人努力加一点点运气，与你的出身没有直接关系。

巴菲特接着问艾玛，你平时爱读书吗？艾玛点了点头。巴菲特接着说，那么你一定知道拿破仑的故事吧！

艾玛知道拿破仑的故事，这个小个子的军事强人在不到10周岁的时候，在家人的帮助下进了一所贵族学校。这所少年军校是法国专门培养未来军官的基地，也是贵族子弟投身军界的必经阶梯。入校学员不仅限于贵族子弟，还要有身份高贵的保荐人。

拿破仑被同学视为“来自科西嘉的穷小子”，他的乡土口音，常遭那些名望贵族子弟的嘲笑和欺负。在军事院校，谁拳头硬谁就是头。后来拿破仑用拳头狠狠地教训了那些看不起他的人，树立了自己的威信，并最终一步一步地走向了自己的成功之路。

巴菲特微笑着说，历史上有很多杰出的人物，他们成功的秘诀就在于"我成功，是因为我志在成功。"在奋斗之初，他们就相信他们总有一天会成功，于是便抱着"我就要登上巅峰"的积极态度来进行学习和工作，最终凭着坚强的信心达到了目标。

巴菲特这个时候打趣道，意志的薄弱和信心的缺乏被称为"人最凶恶的敌人"，如果因为自己的出身而否定自己，那么这个人永远无法改变自己的命运。

听完这位闻名世界的大富翁这么鼓励自己，艾玛忽然感到浑身充满了力量，以前那个自卑、懦弱的身影在她内心深处似乎一下消失了，光明灿烂的前途在向她招手。

后来，艾玛努力读书，性格也开朗活泼起来，最后考上了哈佛大学，毕业以后也实现了自己的理想。

在自然界中，有一种十分有趣的动物叫作大黄蜂。曾经有许多生物学家、物理学家、社会行为学家联合起来研究这种生物。

根据生物学的观点，所有会飞的动物，必然是体态轻盈、翅膀十分宽大的，而大黄蜂这种生物的状况，却正好跟这个理论相反。大黄蜂的身躯十分笨重，而翅膀却出奇短小，依照生物学的理论来说，大黄蜂是绝对飞不起来的。而物理学家的论调则是，大黄蜂的身体与翅膀的比例，根据流体力学的观点，同样是绝对没有飞行的可能。简单地说，大黄蜂这种生物，是根本不可能飞得起来的。

可是，在大自然中，只要是正常的大黄蜂，就没有一只是不能飞的，甚至它飞行的速度也并不比其他能飞的动物慢。这种现象，仿佛是大自然跟科学家们开了一个很大的玩笑。最后，社会行为学家找到了这个问题的答案。很简单，那就是——大黄蜂根本不懂“生物学”与“流体力学”。每一只大黄蜂在它成熟之后，根本不知道自己的体型不适合飞翔，它认为自己能飞，于是它飞起来了！这正是大黄蜂之所以能够飞得那么好的奥秘。

是的，大黄蜂丝毫不知道自己这庞大的体型是多么不适合飞行——于是它飞了起来！

没有什么不可能，关键看你自己是否有达成梦想的决心。巴菲特并不是出身于大富大贵之家，但是他一直对金钱抱有极大兴趣，他想成为全球首屈一指的大富豪，但美国有太多做发财梦的小伙子了！而且巴菲特也没有在纽约、旧金山这样的大城市做生意，因此“善意的朋友”就告诉他，说他的雄心是“不可能”实现的。

年轻的巴菲特于是买了一本最好的、最完全的、最漂亮的字典，然后在朋友面前他做了一件奇特的事，他找到“impossible（不可能）”这个词，用小剪刀把它剪下来，然后丢掉。

朋友们都惊讶了，再也不对他提出这些“建议”了。于是巴菲特有了一本没有“不可能”的字典。以后巴菲特把整个事业建立在这个前提上，那就是对一个要成长而且超过别人的人来说，没有任何事情是不可能的。

最后巴菲特成为了全球闻名的投资大亨，并让自己的故乡奥马哈成为不少投资者朝圣的圣地。

当然，巴菲特的意思并不是要每个人从自己的字典中把“不可能”这个字剪掉，而是建议要从脑海中把这个观念铲除掉。谈话中不提它，想法中排除它，态度中去掉它、抛弃它，不再为它提供理由，不再为它寻找借口。把这个字和这个观念永远地抛开，并用光明灿烂的“可能”来代替它。

翻一翻你的人生词典，里面还有“不可能”吗？可能很多时候，在我们鼓起雄心壮志准备大干一场时，有人好心地告诉我们：“算了吧，你想的未免也太天真、太不可思议了，那是不可能的事情。”接着我们也开始怀疑自己：“我的想法是不是太不符合实际了，那是根本不可能达到的目标。”

假如回到500年前，如果有人对你说，你坐上一个银灰色的东西就可以飞上天；你拿出一个黑色的小盒子就能够跟远在千里之外的朋友说话；打开一个“方柜子”就能看到世界各地发生的事情……你也同样会告诉他“不可能”。但是，今天飞机、手机、电视甚至宇宙飞船都已变成现实了。正如那句老话所说的，“没有做不到，只有想不到”，奇迹在任何时候都可能发生。

巴菲特认为，你的最终成就与你的出身、起点没有必然的关系。如果你出身大富大贵之家，也许你能接受更好的教育，拥有更好的资源，可以成功；如果你出身贫寒，你依旧可以靠自己的勤劳、努力来获取成功。

纵观历史上成就伟业的人，往往也并非都是幸运之神的宠儿，而是那些将“不可能”和“我做不到”这样的字眼从他们的字典以及脑海中连根拔去的人。富尔顿仅有一只简单的桨轮，但他发明了蒸汽轮船；迈克尔·法拉第只有一堆破烂的瓶瓶罐罐，但他发现了电磁感应；惠特尼只有几件工具，但他发明了锯齿轧花机；豪·伊莱亚斯只有简陋的针与梭，但他发明了缝纫机；贫穷的贝尔教授只能用最简单的仪器进行实验，但他发明了电话。

美国著名钢铁大王德鲁·卡内基在描述他心目中的优秀员工时说：“我们所急需的人才，不是那些有着多么高贵的血统或者多么高学历的人，而是那些有着钢铁般的坚定意志、勇于向工作中的‘不可能’挑战的人。”

这是多么掷地有声、发人深省的一句话啊！

每一位在生活中、在职场上拼搏并希望获得成功的人，都应该把这句话铭刻在自己的记忆深处，敢于向“不可能”发出挑战，因为一切皆有可能！

由此可见，这世上没有绝对的“不可能”，只要敢于拼搏。

作者手记

追求真正美好生活的秘诀是：克服任何阻碍你理想的消极影响。也许你的出身并不显赫，甚至是贫寒，但这不能是你放弃理想的理由。也许你很羡慕那些含着金钥匙出身的人，他们成功的概率看起来要比旁人大很多，但是你可曾想过，这些人的父辈或者祖辈也是经历过多少艰难险阻才得以成功的。成功需要努力，需要勤奋刻苦。如果你因为自己的起点低而沮丧放弃，最后后悔的一定是你自己。

你的心态可以让你走向失败，也可以让你走向成功，你的生活不是由外在环境所决定的，而是由占据你心灵的习惯的想法决定的。你要记住一句名言：“人的一生是由他自己造成的。”

用更开阔的视野来支配人生

“我们周围许多人都明白自己在人生中应该做些什么事，可是却迟迟不拿出行动来。”

巴菲特教育孩子们一定要找到适合自己的路。虽然“三百六十行，行行出状元”，但是如果我们更好地了解自己，站在一个更高的层面上审视自己的人生，就能使自己的努力达到事半功倍的效果。我们常说“人贵有自知之明”，就是说既不高估自己也不低估自己，对自己有正确而客观的认识。认识到这一点容易，但要做到这一点，却非人人能及。

在伯克希尔—哈撒韦公司，有一位叫杰克的年轻小伙子，他足够机智，在几桩投资生意中都表现得非常优异。很快，不少猎头公司看中了他，都来怂恿他跳槽。这位小伙子一直视巴菲特为偶像，于是他决心诚心诚意地听一下巴菲特的意见。

巴菲特看到面前这位意气风发的年轻人，心里涌起一股暖流，他决定好好指点一下这个年轻人，因为这年轻人一毕业就来到自己的公司，自己太了解这个孩子的优势和劣势了。

他告诉杰克，应该继续在伯克希尔—哈撒韦公司待上一段日子，因为他觉得杰克虽然很优秀，但缺乏从事大买卖时必备的心理素质，因为在公司里有很多前辈可以给他当定心骨，制定一个大方向，但是他去别的公司自己做主，可就没有这么容易了。

听完巴菲特的谆谆教诲，年轻人陷入了沉思。巴菲特接着给他讲了一个，一只狐狸觅食的故事。

狐狸欣赏着自己在晨曦中的身影说：“今天我要用一只骆驼作午餐呢！”整个上午，它奔波着，寻找骆驼。但当正午的太阳照在它的头顶时，它再次看了一眼自己的身影，于是说：“一只老鼠也就够了。”

狐狸之所以犯了两次截然不同的错误，与它选择“晨曦”和“正午的阳光”作为镜子有关。晨曦拉长了它的身影，使它错误地认为自己就是万兽之王，并且力大无穷、无所不能；而正午的阳光又让它对着自己缩小了的身影妄自菲薄。

像这只狐狸一样的人在现实生活中并不少见。对自己认识不足，过分强调某种能力或者毫无根据地轻视自己。这种情况下，千万别忘了上帝为我们准备了另外一块镜子，这块镜子就是“正确评价”，它提醒我们反观自我，让我们更清楚地认识真实的自己。

巴菲特接着告诉年轻人，杰克，如果你继续锻炼几年，我相信你一定可以独立支撑起一个公司。

拥有开阔的思维，更好地定位自己，将更有助于我们成功。定位概念最初由美国营销专家里斯和屈特于1969年提出，即商品和品牌要在潜在的消费者心中占有位置，企业经营才会成功。随后，定位外延扩大，大至国家、企业，小至个人、工作等，均存在定位的问题，事关成败兴衰。

一个人成就的大小在某种程度上取决于自己对自己的评价，这种评价有一个通俗的名词——定位。你对自己的定位是什么，你就是什么，因为定位能决定人生，定位能改变人生。

定位是对自己的一种期盼与要求，一个人能否给自己正确定位，将决定其一生成就的大小。志在顶峰的人不会落在平地，甘心做奴隶的人永远也不会成为主人。你可以长时间卖力工作，创意十足、聪明睿智、才华横溢、屡有洞见，甚至好运连连——可是，如果你无法在创造过程中给自己正确定位，不知道自己的方向是什么，一切都将徒劳无功。

所以说，你对自己的定位是什么，你就是什么。

彼得对父亲的这个观点十分支持，因为他周围就有活生生的例子。他的一位朋友迈克尔在从商以前，曾是一家酒店的服务生，替客人搬行李、擦车。有一天，一辆豪华的劳斯莱斯轿车停在酒店门口，车主吩咐道："把车洗洗。"迈克尔那时刚刚中学毕业，从未见过这么漂亮的车子，不免有几分惊喜。他边洗边欣赏这辆车，擦完后，忍不住拉开车门，想上去享受一番。这时，正巧领班走了出来。"你在干什么？"领班训斥道，"你不知道自己的身份和地位？你这种人一辈子也不配坐劳斯莱斯！"受辱的迈克尔从此发誓："我不但要坐上劳斯莱斯，还要拥有自己的劳斯莱斯！"这成了他人生的奋斗目标。许多年以后，当他事业有成时，果然买了一辆劳斯莱斯轿车。

如果迈克尔也像领班一样认定自己的命运，那么，也许今天他还在替人擦车、搬行李，最多做一个领班。由此可见，人生的定位对一个人是多么的重要！

在现实中，总有这样一些人：他们或受宿命论的影响，凡事听天由命；或性格懦弱，习惯依赖他人；或责任心太差，不敢承担责任；或惰性太强，好逸恶劳；或缺乏理想，混日为生……总之，他们遇事逃避，不敢

为人之先，不敢担当，不敢定位自己的人生。也许，成功的含义对每个人都有所不同，但无论你怎样看待成功，你必须有自己的定位。

尼采曾经说过：“聪明的人只要能认识自己，便什么也不会失去。”正确认识自己，才能充满自信，才能使人生的航船不迷失方向。正确为自己定位，才能正确确定人生的奋斗目标。只有有了正确的人生目标，并为之奋斗终生，才能此生无憾，即使不成功，也无怨无悔。

古希腊，有两个同村的人，为了比高低，打赌看谁走得离家最远。于是他们各自同时却不同道地骑着马出发了。

一个人走了13天之后，心想：“我还是停下来吧，因为我已经走了很远了。他肯定没有我走得远。”于是，他停了下来，休息了几天，调转马头返回家乡，重新开始他的农耕生活。

而另外一个人走了7年，却没回来，人们都以为这个傻瓜为了一场没有必要的打赌而丢了性命。

有一天，一支浩浩荡荡的队伍向村里开来，村里的人不知发生了什么大事。当队伍临近时，村里有人惊喜地叫道：“那不是克尔威逊吗？”消失了7年的克尔威逊已经成了军中统帅。

他下马后，向村里人致意，然后说：“鲁尔呢？我要谢谢他，因为那个打赌让我有了今天。”鲁尔羞愧地说：“祝贺你，好伙伴。我至今还是农夫！”

暂时满足的心态只能使你低人一等，生活中有多少人都是这样沉沦了啊！一个有生气、有计划、能克服消极心态的人，一定会不辞任何劳苦、坚持不懈地向前迈进，他们从来不会有“将就过”这样的想法。傻瓜常常对他人说：“得过且过，过一把瘾吧”、“只要不饿肚子就行了”、“只要不被撤职就够了”。有这种想法的人，无异于承认自己没有生机。他们简直已经脱离了世人的生活，至于“克服消极心态”那更是想也不必想了。

巴菲特认为，了解自己是成功的第一步，只有了解自己，你才有可能突破自己的人生难关。

打起精神来！给自己一个合适的定位，并用它度量你的人生！它虽然未必能够使你立刻有所收获，或得到物质上的安慰，但能够充实你的生活，使你获得无限的乐趣，这是千真万确的。

巴菲特曾经给子女们讲过一个笑话：几个人在岸边岩石上垂钓，一旁有几名游客在欣赏海景之余，亦围观他们钓上岸的鱼，口中啧啧称奇。

只见一个钓者竿子一扬，钓上了一条大鱼，约三尺来长。落在岸上后，那条鱼依然腾跳不已。钓者冷静地解下鱼嘴内的钓钩，顺手将鱼丢回海中。

围观的众人响起一阵惊呼，这么大的鱼犹不能令他满意，足见钓者的雄心之大。就在众人屏息以待之际，钓者渔竿又是一扬，这次钓上的是一条两尺长的鱼，钓者仍是不多看一眼，解下鱼钩，把这条鱼放回海里。

第三次，钓者的渔竿又再扬起，只见钓线末端钩着一条不到一尺长的小鱼。

围观众人以为这条鱼也将和前两条大鱼一样，被放回大海，不料钓者将鱼解下后，小心地放进自己的鱼篓中。

游客中有一人百思不解，问钓者为何舍大鱼而留小鱼。

钓者回答：“那是因为我家里最大的盘子只不过有一尺长，太大的鱼钓回去，盘子也装不下……”

舍三尺长的大鱼而宁可取不到一尺的小鱼，这是令人难以理解的取舍，而钓者的唯一理由竟是家中的盘子太小，盛不下大鱼！

在我们的生活经历中，其实也存在许多类似的例子。例如，很多时候，我们有一番雄心壮志时，就习惯性地提醒自己："我想得也太天真了吧，我只有一个小锅，煮不了大鱼。"因为自己背景平凡，而不敢去梦想非凡的成就；因为自己学历不足，而不敢立下宏伟大志；因为自己自卑保守，而不愿打开心门，去接受更好、更新的信息……凡此种种，我们画地为牢、故步自封，既挫伤了自己的积极性，也限制了自己的发展。

那些人生篇章舒展不开、无法获得大成就的人，大多是没有大格局的人。所谓大格局，就是以长远的、发展的、战略的、全局的眼光看待问题，以博大的胸襟对待人和事。对一个人来说，格局有多大，人生就有多大。那些想成大业的人需要有高瞻远瞩的视野和不计前嫌的胸怀，需要有"活到老、学到老"的人生大格局。古今中外，大凡成就伟业者，他们都是一开始就从大处着眼，一步步构筑起他们辉煌的人生大厦的。

如果把人生比成一盘棋，那么人生的结局就由这盘棋的格局所决定。在人与人的对弈中，舍卒保车、舍车保帅、飞象跳马……种种棋着就如人生中的每一次拼搏。相同的将士象，相同的车马炮，却因为下棋者的布局而大不相同，输赢的关键就在于我们能否把握住棋局。要想赢得人生这盘棋局，就应当站在统筹全局的高度，有先予后取的度量，有运筹帷幄而决胜千里的方略与气势。棋局决定着棋势的走向，我们掌握了大格局，也就掌控了大局势。

通过规划人生的格局，对各种资源进行合理分配，我们才可能更容易地获得人生的成功，理想和现实才会靠得更近。人生每一阶段的格局，就如人生中的每一个台阶，只有一步一步地认真走好，才能够使我们到达人生之塔的顶端。

所以，要扩大自己内心的格局，对于前景，去构思更大、更美的蓝图。我们将会发现，在自己胸中，原来有如此浩瀚无垠的空间，竟可容下宇宙间永恒无尽的智慧。

有什么样的人生格局，就有什么样的人生结局！

作者手记

巴菲特告诉孩子，对自己的定位越是精确，你的人生格局就越敞亮。上帝希望每个人都成为独立的自我，每个人按照自己的道路成长，所以，我们必须为自己规划，为自己定位。由于很多原因，不少年轻人身陷自己并不喜欢的职业，但是，由于这些职业为他们提供了谋生的手段，因此他们通常缺乏足够的勇气与之脱离，而后才在一个较低的起点上重新开始，去从事自己喜爱的事业。

我们有责任找到自己真正的职业归属，这不仅是对自己的责任，也是对自己天赋的一种负责。在各种形形色色的浪费中，有哪一种会比对天赋和才能的浪费更令人痛惜呢？

第三章
生活中没有绝对的公平

人生没有那么多“公平”可言

“生活是不公平的，我们应该学会适应。”

苏茜当新闻编辑的时候，常常接到读者来信。有一天，她接到了一封读者的求助信：

“女儿放学回来，一脸委屈，问她什么也不说。吃过饭就早早回房间去了。等我洗好碗筷，女儿突然跑来说：爸，我不想参加舞蹈队了。

“我心里咯噔一下。女儿自幼酷爱舞蹈，一直是学校舞蹈队的主力队员，可现在却说要放弃，看来她真是遇到难题了。女儿哭着说：爸，今天舞蹈队个人比赛，我得了第一名。老师说过谁得第一，就可以参加全国中学生舞蹈比赛，可老师却决定让另一个同学去参加比赛。我去问老师为什么会这样？老师没有正面回答，只说她也没办法。我不明白，成年人怎么就这样说话不算数？这对我公平吗？

“我也一脸无奈：她还小，现实与梦想的距离她还没法看清，而人与人之间的那张‘网’，她更没法弄懂。这样去剥夺她参赛的权力，她心里当然难过。我沉思良久也没能找出一个很好的解释方法。请问我应该怎么做？”

读完这个读者的来信以后，苏茜首先感到的是愤怒，在自己所在的社会，社会关系、人情世故甚至渗透到了学校这块净土，这不是某一个人的悲哀，而是这个社会的悲哀。但她同时也十分清楚，这种不公平虽然可恶，但是要想社会中任何事情处处公平，是不现实的。

于是苏茜给这个读者回复了下面的话：

亲爱的先生，你好，我站在你的角度上，替你写了一些话，你可以把这些话告诉你的女儿：

“爸爸首先要告诉你，我相信我的女儿是最棒的，即使你不参加比赛，不拿名次，也永远是爸爸的骄傲。你有不开心的事，爸爸愿意与你一起分担。对于不公平的事，你能勇敢地去向老师提出质疑，说明你是一个勇敢的孩子，这一点也让你妈妈感到很安慰，你的确长大了。可是，爸爸想跟你说，我们活在这个世界上，除了要坚持维护自己的正当权益外，还要学会接受不公平。是金子总会闪光的，灰尘遮不住它的光芒。孩子，也许你觉得不能参加比赛会失去很多东西，包括荣誉与奖杯，但爸爸和妈妈认为：你失去的只是一次机会，最重要的是你是否具备过人的才能。人生有那么多比赛，只要你坚持，你这块金子一定会闪出光芒……”

过了一段时间，苏茜又收到了这位读者的回信，他高兴地告诉苏茜，孩子已经恢复了对自己的信心，又开心和快乐起来了。

苏茜明白，生活中的不公平很多，只有正视它们，面对它们，才有可能解决它们。苏茜的这种观念来源于巴菲特的谆谆教诲。巴菲特一直教育孩子们要平等待人，用平和的眼光看这个世界，但是他深知我们所处的这个世界还不是很完美，“事事公平”还只是个神话。是的，在我们的想象里，经济机会应该是公平的，政治权力应该是公平的，医疗保健的享有权应该是公平的，追求幸福的机会也应该是公平的。总之，在理想世界中，一切都应该是公平的。

但我们并非生活在这样理想世界中，我们这个世界虽然迷人、美丽，却并不理想。在现实世界中，这种虚构的机会平等，只不过是个永远无法实现的愿望。从最乐观的角度讲，它是人们为之奋斗的目标，而从最悲观的角度讲，它会变成空洞的陈词滥调，就像“第二十二条军规”或“超完美风暴”这种我们很熟悉的词语一样，无须太多思考就可以脱口而出。

巴菲特曾经和比尔·盖茨夫妇一同到中国，当他看到成千上万的人在工厂和田间劳动时，巴菲特震惊了。中国的人口实在太多了，由于出生在不同的环境中，许多人的一生或许都要在这样默默无闻的劳作中度过。在这个环境中，不知有多少潜在的企业家、发明家和创新者被埋没了。用巴菲特自己的话说：“那座山坡上不知有多少比尔·盖茨正在干活？”

这种不平等在人一出生就发生了。悲观者认为，只要人类存在的一天，这种不平等就会继续下去，巴菲特把这种现象称为“机会不平等”。就像完美的圆，机会平等只存在于柏拉图式理想当中。现实生活并非那样纯洁无瑕：运动场上总会有主客队之别和胜负之分；生意场上总有人占尽天时地利并广聚人脉，也总有人欠缺这些优势；政坛中总有人能够呼风唤雨，而其他人则只能望而兴叹。在物质生活、医疗条件甚至预期寿命方面，在非洲村庄或印第安人保留地出生的孩子，会比在美国康涅狄格州郊区出生的孩子面临更加严峻的挑战。

这一切既不公平也不合理，这一切应引起良知者的不安。是的，你只需要付出极小成本就能获得的便利也许是这个国家、这个地球上某一处的人们花费一辈子也得不到的东西。我们是心安理得来接受这种特权，还是带着一丝羞愧之心去认识和反思这个问题呢?

巴菲特认为，认识到这种不公平之后，我们应当受到激发，并竭尽所能去创造机会平等的竞争环境。而为了争取平等和公正所付出的努力，可以减弱我们所说的那些“恩赐罪恶感”。

巴菲特夫妇同时让孩子们明白：我们应当承认生活的不公平，并尽微薄之力来弱化这种不公平，而不是抱怨这个社会，甚至用怨恨的目光看待生活。巴菲特总是让孩子多看看这个世界，靠自己归纳出心得，而非采取长篇大论的说教。

在我们生活的世界里，许许多多的人都认为公平合理是生活中应有的现象。我们经常听人说：“这不公平！”“因为我没有那样做，你也没有权利那样做。”我们整天要求公平合理，每当发现公平不存在时，心里便不高兴。应当说，要求公平并不是错误的心理，但是，如果因为不能获得公平，就产生一种消极的情绪，抱怨这个世界，这就要注意了。

实际上绝对的公平并不存在，你要寻找绝对公平，就如同寻找神话传说中的宝物一样，是永远也找不到的。

“生活是不公平的，我们应该学会适应！”这是巴菲特给即将就业大学生的十句忠告之一。是的，生活是不公平的，除了我们每天拥有的时间是一样的，其余一切的一切都是不平等的，家庭、学历、经济、出生、待遇、条件，等等，所以我们要学会适应并接受它们，用自己的力量去改变它们。

作者手记

"生活就像一盒巧克力，你永远都不知道你将获得的是什么。"以前看《阿甘正传》，看到阿甘缓缓说出这句话的时候，不由有些莫名的感动。

人生对阿甘的确不是很公平，让他智商只有75，很多时候他都没办法像正常人一样生活。但是他学会了奔跑，并用这项特长彻底地改变自己的人生。

的确，我们的生活里有太多的不如意，太多的苦恼，所以不同人有着不同的解脱方法，有的寻求宗教方面的精神庇护，有的则被这些不公平、不如意打败，自甘堕落，但更多的人则是勇于面对惨淡的人生，奋发图强，自强不息。

你愿意成为哪一种人呢?

不要把希望寄托在"如果"上

"投资者需要在实践中认清楚自己的不足，并积极改进，而不是祈求它自动修复。"

巴菲特对子女在金钱上面管教得特别严格，他不希望自己的孩子养成花钱大手大脚的习惯。

有一天，苏茜和同事们在商场里看上了一件非常好的外套，不过这件衣服售价极其昂贵，苏茜如果要买，基本上半个月的工资就要报销了。正在犹豫的时候，苏茜的同事打趣道：苏茜，你爸爸可是大富翁啊，你不会买一件外套都需要犹豫吧！不过苏茜最终还是没有买下这件外套，因为她知道，如果自己真买下这件衣服，就意味着下半个月都要省吃俭用了。

回到家，苏茜还是有一点不高兴，因为她内心有一个声音正附在她耳边说话：苏茜，爸爸有时候是不是有点抠门？如果我爸爸特别大方的话，我还需要为这么一件衣服苦恼吗？

一会儿巴菲特下班回来了，看女儿有点不高兴的样子，于是和女儿交谈了起来。苏茜于是把萦绕自己心底的那句话说了出来：爸爸，如果我能有很多钱，我得有多自由啊！想买什么就买什么，想玩什么就玩什么！

巴菲特听出女儿的弦外之音，她是埋怨自己不够大方呢。毕竟女儿工作了，面对生活的挑战，金钱既是诱惑，也是一种考验。巴菲特告诉女儿，生活中没有这么多“如果”，只有残酷的真相，比如金钱。我一直在培养你们的独立意识，那件衣服你想要，你就得自己挣钱去获得。

巴菲特问女儿，如果我给你很多钱，你是不是就不会去工作呢？女儿思考了一会儿后摇了摇头。巴菲特笑了，他对女儿说：我可爱的女儿啊，生活中可没这么多“如果”。

人生总是会遇到不顺的情况，很多人处于不利的困境时总期待借助别人的力量改变现状，或者幻想有谁能够来拯救自己。殊不知，在这个世界上，最可靠的人不是别人，而是自己。为何总想着依赖别人，而不是依赖自己呢？

在这个世界上，你要勇敢地做你自己的上帝，因为，你的命运只能由你自己来主宰。

天上没有白白掉下来的馅饼，也没有那么多白日梦让你来实现。也许你会懊悔：如果我家里是个大富翁就好了！如果我现在手里有一笔充裕的资金该有多么棒！

这些想法和现实的差距往往会让你抓狂，让你无法接受自己也许还是个两手空空的穷人的现实。很多人恼怒这个世界：凭什么人家一出生就可以锦衣玉食，而我却要缩衣节食？凭什么人家可以比我少奋斗很多年？于是乎自暴自弃，一蹶不振。有的人则反思，并开始改变。

有一个女孩子新买了一双鞋，非常喜欢。有一天她穿着干净的鞋子，踮着脚尖小心翼翼地走在路上。为了保持鞋子干净，她走走停停，特意挑比较高和硬的地面。可是前面的路面居然在施工，一不小心，她还是踩到了烂泥里，干净的鞋子霎时脏了一大片。她懊恼极了，于是便不管不顾，两只鞋随意踩在泥路上，走得非常快。

这种场景是不是也曾经发生在我们身上？既然脏了，那么就让它更脏好了；既然坏了，那么就毁了它……心理学家指出，其实，在我们每一个人的内心深处，多少都隐藏了一些“自毁”的倾向，这种内在情绪的冲动常常会驱使一个人做出不利于自己发展的事情。譬如，有人整天絮絮叨叨，看什么事都不顺眼，动不动就抱怨这个、抱怨那个，好像所有的人都做了对不起他的事；还有的人，生活漫无目标，整日无所事事，只会嫉妒别人的成就，自怨自艾，认为任何好运气都不会落在自己的头上。此外，还有的人嗜酒如命、好赌成性、饮食不知节制、消费成癖、纵情声色，等等，这些都是自毁行为。

其实每个人都有失意的时候，比如经济窘迫、错失爱情、事业不顺等，面对这些情况，人们往往有两种选择：悲观的人整天长吁短叹，认为自己无可救药，就此颓废不振，结果使人生变得更加暗淡和闭塞；乐观的人一笑置之，从头开始，坚持不懈，使生活越来越精彩。事实上，人生成败完全取决于自己的内心。

当你在用“如果”这个词语作为开头的时候，说明你已经有些不相信自己了。是的，生活中那些数不清的困难以及各种不公平，有时候让我们灰心和绝望，但是这都不是使我们期望神迹的理由，真正的人生是掌握在自己手里。

没有完全意义上的强者，也没有真正意义上的弱者。苏西和父亲通过这一次谈话以后，明白只有双手创造的才是真实的，只有自己才能每次满足自己的小愿望，任何奢求别人或者白日梦般的“如果”，都只不过是自己的一厢情愿。

美国从事个性分析的专家罗伯特·菲利浦有一次在办公室接待了一个因自己开办的企业倒闭、负债累累、离开妻女四海为家的流浪者。那人进门打招呼说：“我来这儿是想见见这本书的作者。”说着，他从口袋中拿出一本名为《自信心》的书，那是罗伯特多年前写的。流浪者说：“一定是命运之神在昨天下午把这本书放入我的口袋中的，因为我当时决定跳入密歇根湖，了此残生。我已经看破一切，对一切已经绝望，所有的人（包括上帝在内）已经抛弃了我。但还好，我看到了这本书，它使我产生了新的看法，为我带来了勇气及希望，并支持我度过了昨天晚上。我已下定决心，只要我能见到这本书的作者，他一定能协助我再度站起来。现在，我来了，我想知道你能替我这样的人做些什么。”

在他说话的时候，罗伯特从头到脚打量着这位流浪者，发现他眼神茫然、神态紧张。这一切都显示，他已经无可救药了，但罗伯特不忍心对他这样说。因此，罗伯特请他坐下，要他把自己的故事完完整整地说出来。

听完流浪汉的故事，罗伯特想了想，说：“虽然我没有办法帮助你，但如果你愿意的话，我可以介绍你去见这幢大楼的一个人，他可以帮助你赚回你所损失的钱，并且协助你东山再起。”罗伯特刚说完，流浪汉立刻跳了起来，抓住他的手说道：“看在上天的份上，请带我去见这个人。”

他会为了“上天的份”而提此要求，显示他心中仍然存在着一丝希望。所以，罗伯特拉着他的手，引导他来到从事个性分析的心理试验室，和他一起站在一块窗帘之前。罗伯特把窗帘拉开，露出一面高大的镜子，罗伯特指着镜子里的流浪汉说：“就是这个人。在这个世界上，只有一个人能够使你东山再起，除非你坐下来，彻底认识这个人——就当你从前并未认识他——否则，你只能跳到密歇根湖里。因为在你对这个人未作充分的认识之前，对于你自己或这个世界来说，你都将是一个没有任何价值的废物。”

流浪汉朝着镜子走了几步，用手摸摸自己长满胡须的脸孔，对着镜子里的人从头到脚打量了几分钟，然后后退几步，低下头，开始哭泣起来。过了一会儿，罗伯特领他走出电梯间，送他离去。

几天后，罗伯特在街上碰到了这个人。他不再是一个流浪汉形象，而是西装革履，步伐轻快有力，头抬得高高的，原来的衰老、不安、紧张已经消失不见。他说，感谢罗伯特先生让我找回了自己，并很快找到了工作。

后来，那个人真的东山再起，成为芝加哥的富翁。

人要勇敢地做自己的上帝，因为真正能够主宰自己命运的人就是自己。当你相信自己的力量之后，你的脚步就会变得轻快，你就会离成功的目标越来越近。

关于巴菲特，还有这么一个著名的故事。在一次讨论会上，巴菲特没讲一句开场白，手里却高举着一张20美元的钞票。面对会议室里的200个人，他问："谁要这20美元？"一只只手举了起来。他接着说："我打算把这20美元送给你们中的一位，但在这之前，请准许我做一件事。"他说着将钞票揉成一团，然后问："谁还要？"仍有人举起手来。

巴菲特又说："那么，假如我这样做又会怎么样呢？"话音刚落，他就把钞票扔到地上，又踏上一只脚，并且用脚踩它。然后他捡起已变得又脏又皱钞票问："现在谁还要？"还是有人举起手来。

"朋友们，你们已经上了一堂很有意义的课。无论我如何对待那张钞票，还是有人想要它，因为它并没贬值，它依旧值20美元。人生路上，我们会无数次被自己的决定或碰到的逆境击倒、欺凌，甚至碾得粉身碎骨。我们觉得自己似乎一文不值。但无论发生什么，或将要发生什么，在上帝的眼中，我们永远不会丧失价值。在他看来，肮脏或洁净、衣着齐整或不齐整，我们依然是无价之宝。生命的价值不依赖我们的所作所为，也不仰仗我们结交的人物，而是取决于我们本身，也就是说，完全属于我们的内心所想！我们是独特的——永远不要忘记这一点！"

期待那些不靠谱的幻想的实现，还不如多动动脑筋，改变自己。

生命的价值取决于我们自身，除了自己，没有人能让我们贬值。不要因为自己的普通、贫穷或暂时的失意而自怨自艾，无端地贬低、看轻自己。只要我们承认自己、肯定自己，给自己足够的自信和勇气，总能发现自己的价值。事实证明，在贫贱与困境中保持着斗志昂扬和人格完整的人，总能赢得人们的尊重和敬佩。“一个人最重要的是自己的内心。”

“生命的脚本可由演出者的主观意志加以改变”，巴菲特认为，每个人天生的性格固然会影响他的行为模式，但即使你的输家“脚本”是与生俱来的，你也可以决定不再依赖这种“脚本”过日子。关键在于，你是否愿意正视你的缺陷，改变你的自毁行为，不再自暴自弃。

想要收获一个灿烂的人生，就要给自己和内心找出和解的方法。首先，你要努力改掉多年的自毁习惯，当你一点一滴慢慢铲除掉这些障碍的时候，你就会发现：你已经不再是自己最大的敌人，而是自己最好的朋友。

只有做自己的上帝，你才能充分发挥你自身的潜能。如果你还在等待别人的帮助，那就在这一刻改变吧。

人若失去自我，是一种不幸；人若失去自主，则是人生最大的缺憾。赤、橙、黄、绿、青、蓝、紫，每个人都应该拥有自己的一片天地和特有的亮丽色彩。你应该果断地、毫无顾忌地向世人宣告并展示你的能力、你的风采、你的气度、你的才智。在生活道路上，必须自己做选择，不要总是踩着别人的脚印走，不要总是听凭他人摆布，而要勇敢地驾驭自己的命运，调控自己的情感，做自己的主宰，做命运的主人。

善于驾驭自我命运的人，是最幸福的人。只有摆脱了依赖，抛弃了拐杖，具有自信、能够自主的人，才能走向成功。自立自强是一个人走入社会的第一步，是打开成功之门的金钥匙。

真正的自助者是令人敬佩的觉悟者，他会藐视困难，而困难也会在他面前轰然倒地。行动起来吧，因为只有你自己才能真正帮助自己。期待别人，不如依靠自己。

作者手记

也许每个人都做过白日梦，把不切实际的幻想挂在嘴边——“如果我彩票都中奖就好了”、“如果这个考试前我全部知道答案该多好呀”。是的，白日梦不需要我们耗费任何汗水和努力，只需要找个舒服的地方慢慢想就是了。

但是这种画饼充饥解决不了任何实际问题，我们还是要靠我们自己。从社会发展潮流来看，社会对人才素质的要求是很高的，除了要具备良好的身体素质和智力水平，还必须具备生存意识、竞争意识、科技意识以及创新意识。

所有的这一切都是需要我们自己来把握的，我们的人生需要自己来打拼。这就要求我们从现在开始注重对自己各方面能力的培养。只有使自己成为一个全面的、高素质的人，我们才可能在未来的竞争中站稳脚跟，取得成功。

区分什么你能控制，什么你不能控制

“你即使再抱怨，可四季依旧变化。”

现实世界存在着事物状态和类属的模糊性，你很难用一个精确的数字或概念去总结它。如果我们企图把这些本身不存在明确界限的事物，人为地用所谓精确性的办法加以规制，实际上，这是对事物本质的一种歪曲。

所以巴菲特说：“我宁要模糊的正确，也不要精确的错误。”因为他清醒地知道，有太多因素是一个人无法控制的，生活是这样，投资也是一样。

在股市中尤其如此，股票价格在短期内会有所涨跌，这种涨跌交替可以说是瞬息万变。市场短期走势受各种不可测因素及不可抗力影响，具有极大的可变性，因此弹无虚发的精准预测根本是天方夜谭。因此你很难找到价格的最高点和最低点。

所谓“模糊的正确”，强调的是一个正确的范围，而不是精确到某一个数值，其实质是着重于对某一时期大方向的把握，而忽略对行情性质的判断及短期数据的出入。

早在2003年4月，正值中国股市低迷徘徊的时期，巴菲特以约每股1.6至1.7港元的价格大举买入中石油H股23.4亿股，这是他所购买的第一只中国股票。但是令人不解的是，在油价连续创出新高并且中石油马上就要增发A股的大好背景下，巴菲特持有的11亿股中石油H股在15元左右的价格几乎全部出尽。随后，中石油在即将回归A股上市等利好憧憬下继续冲高至20港元。因此众多市场专业人士认为巴菲特不了解中国股票，未能演绎投资传奇。

既然巴菲特认为中石油是家好公司，为什么要把股票卖掉呢？首先，石油的价格是重要的依据，因为石油企业的利润主要依赖于油价，如果石油在30美元一桶时，情况很乐观；如果油价到了75美元每桶，不是说它一定就会下跌，但至少情况并没有那么乐观了。巴菲特买入中石油和卖出中石油，一个很重要的原因是油价。当石油价格较低的时候，他认为石油价格将会上升，石油公司自然会从中受益，所以他买入了中石油；而当石油价格很高的时候，他认为油价继续上涨的可能性较小，那么，石油公司的利润再要大幅增长将会很困难，他所以选择了卖出股票。

巴菲特不断用他投资时所使用的标准来衡量他已经入股的企业的质量。如果他的一只股票不再符合他的某个投资标准，他就会把它卖掉，并不会考虑其他因素。巴菲特认为，中国股市的涨幅已经很大，而人们还在不顾风险争相入市。正因如此，他卖出中石油股票时没有丝毫犹豫。

一年的时间里，“市场先生”情绪骤变，A股从6000多点高位一路下跌，后知后觉的我们才意识到巴菲特的先见之明。尽管巴菲特在抛售中石油之时也错失了之后的50%涨幅，而正如他在1996年致伯克希尔股东的信中所说：“我们只是对于估计一小部分股票的内在价值还有点自信，但也只限于一个价值区间，而绝非那些貌似精确实为谬误的数字。”

巴菲特认为，投资者不需要很精确地评估价值，只要他能够大致准确地评估企业的内在价值，在这个模糊的价值区间的投资是毫无风险的。

巴菲特之所以能不断地取得成功，很大程度上是因为他在看到不确定的风险时，能够及时撤身，从而避免犯下愚蠢的错误。一旦事情的发展偏离了他估计的价值区间，他就会立即采取行动售出手中持有的股票，而不是要等到某个数值出现，其实巴菲特的估算中也不存在这种东西。在巴菲特看来，那些貌似精确的数值实际上是非常荒谬的。

2009年7月25日，数位英国顶尖经济学家联名致信英国女王伊丽莎白二世，就没有预测到金融危机的时间、幅度及严重性作出诚恳道歉，称这是许多“智慧人士的集体失察”。

类似的情况还有。巴菲特在信中提道：“整个长期资金管理基金的历史，我不知道在座的各位对它有多熟悉，其实是波澜壮阔的。如果你把那16个人，像约翰·梅里韦瑟、埃里克·罗森菲尔德、拉里·西里布兰德、格雷格·霍金斯、维克托·哈格哈尼，还有两个诺贝尔经济学奖的获得者——迈伦·斯科尔斯和罗伯特·默顿放在一起，你很难再从其他公司（包括微软公司）中找出这样一个拥有如此高智商的16人团队。”

“那真的是一个有着难以置信的高智商团队，而且他们所有人在业界都有着大量的实践经验。他们可不是一帮在男装领域赚了钱，然后突然转向证券的人。这16个人加起来的经验可能有350年到400年，而且是一直专精于他们目前所做的。他们还有一个极为有利的因素，他们所有人在金融界都有着极大的关系网，数以亿计的资金也来自于这个关系网，其实就是他们自己的资金。超级智商，在他们内行的领域里，结果是他们破产了。”

这些聪明人关注股指的任何细微变化，希望精确地计算出最高点或者最低点的数值。他们以最完美的投资理念，追求100%精确的最低点和最高点——在最低点买入，在最高点卖出。这就是巴菲特所说的“聪明人干的蠢事”。

可惜很多投资者总在孜孜不倦地试图找到那个“精确的低点或顶点”。资本市场具有不可准确预测性，错的往往是这个市场的大多数，很多理由只是出于人的本性，事后编造并欣然接受的。包括华尔街天才彼得·林奇也未能预测到1987年的股灾，但这并不妨碍他取得年均29％的投资回报率，成为美国有史以来最成功的基金经理。他选择的就是趁大跌买入好公司股票的“模糊的正确”。

巴菲特认为，只要能够尽量避免犯下重大的错误，投资者只需做对很少几件正确的事情，就足可以成功了。如果在错误的路上，奔跑也没有用。重整旗鼓的首要步骤是停止做那些已经做错了的事。现在远离麻烦，要比后来摆脱麻烦容易得多。模糊的正确胜过精确的错误。

就中长线而言，不论逃顶还是抄底，资本市场根本不存在也不需要百发百中的“狙击手”，做一个“模糊正确”的保持稳定投资回报的“机枪手”足够了。

世界上的很多东西都不是完整的，而这些很多的不完整也就促成了人间的烦恼甚至是悲剧。比如说人的寿命是有限的，并不像传说中所描述的那样可以得到永生。也正是因为这样的原因，很多人并不甘心，总是在想方设法改变这个事实。古代皇帝就曾经到处寻找长生不老的秘方，可到最后，还是逃脱不了宿命。

我们必须接受无法改变的现实。要想在自己有限的生命中做一点事情，首先就应该认识到人生有限、时光飞逝的现实。

1972年，新加坡旅游局呈交给当时新加坡总理李光耀的一份报告中说：新加坡没有埃及的金字塔，没有中国的长城，没有日本的富士山，也没有夏威夷十几米高的海浪，新加坡除了一年四季高射的阳光，什么名胜古迹都没有，要发展旅游业，实在是巧妇难为无米之炊。然而，李光耀在报告上批示：拥有阳光就足够了！后来，新加坡利用一年四季直射的阳光，种花种草，很快发展成为世界上著名的“花园城市”，成为众多游客的目的地。直到现在，旅游收入一直是新加坡经济中的重要部分。

当一个人心中有了阳光的时候，也就足够了，或者说只有一个人具备了阳光心态才能做到很坦然地接受现实。也正是因为如此，那些阳光的人更容易成功。而这其中更是包含了两种智慧，也正是这两种智慧让他们显得成熟。

首先是一种理解放弃的智慧。放弃在很多时候都有一定的优势。世界上的很多东西，并不是我们想要得到就能得到的，我们需要适时地放弃。人生中要经历无数次的选择与放弃，不懂得适时地放弃就不会看到人生更美的风景。

其次是要懂得不要一味追求完美。完美在很多时候都是做人做事的最高理想、最高境界，可等你真的向那个目标进发的时候，你会发现其实现实并不是你所想象的那样美好。“完美本身其实就是一种不完美”，因为过多地苛求自己，不但会影响到自己的发展，使得自己过于劳累，心灵过于疲惫，同时在追求的过程中也会让周围的人身体跟着同样地劳累，心灵同样地疲惫。完美主义是一种枷锁，扣在完美的身上作威作福。不要奢望“鱼和熊掌兼得”的完美，有时候完美并不等同于美丽，却恰恰是对缺憾的验证，让我们不能接受事实，也不能满足于现状，以至于减少了很多成功的机会。

你可能没有显赫的家庭，没有高层次的学历，没有出众的外貌……但这一切都没有关系，这是你的现实，是你不管怎样都无法重新设计的；但是你还有无限的空间和足够多的机会去改变这一切。如果你连现实都无法看清，又如何脚踏实地地去改变这一切？

作者手记

我们只能把握我们真正拥有的东西，世界上有太多的事情不在我们的掌握里，比如四季的变化、自然的灾害，更比如他人的心。

生活无法算计得太精确，也不可能百分之百遂你的心愿，但是我们还是必须一步一步走下去，因为你不可能因为害怕黑暗而从不走夜路，也不可能害怕水花而从不坐船。天暗的时候你就点着灯，怕水就去学游泳，困难总会有解决的一天。

第四章

独立是成长的最高境界

父母不能保护你一辈子

“父母是孩子们的引路人而不是保姆。”

很多父母觉得爱孩子就要给孩子幸福，于是，父母对孩子关怀备至，唯恐委屈他们，从物质到精神，只要孩子需要就立刻满足。尽管孩子吃穿不愁，但是物质上的满足并不会给孩子带来多少幸福感。孩子只有在成长的过程中，通过自己的努力克服生活中遇到的困难，取得成功，才是真正的满足和幸福。

父母不可能一辈子都在孩子身边，终有一天会老去，而孩子们又会成为新的父辈。这是时代的传承，历史的规律。也许依赖是每个孩子成长过程中必须经历的一个阶段，在这个阶段，孩子一方面想独立自主，不希望父母对他的行动加以干涉；另一方面又特别依赖父母的爱和关注。但是当孩子有了自立能力以后，家长必须放权，让孩子们学会独立自主、自尊自爱。

在很小的时候，苏茜就开始自己打工赚钱了。她送过外卖，还当过报童。早早的社会实践，让苏茜对经济问题可谓是“斤斤计较”，不过这种生活让她活得开心和自在。她曾经表示：“我父亲没有给我太多的钱，他只是告诉我，你做什么也许能赚着钱。”巴菲特给孩子们提供的是更多的建议和意见，而不是用翅膀把自己的孩子紧紧的聚拢在身边。

后来，苏茜运作基金会，在儿童保障和教育方面积极努力，去过很多发展中国家。她表示：“在这么多年的教育工作中，我发现很多孩子的自立能力是比较差的，有些连基本的生活自理能力都没有，从小到大没洗过一次衣服，没做过一点家务，甚至每天去学校还要父母接送，一遇到什么事情，自己一点主见也没有，总是想着依靠父母、老师或者其他人帮助。这样的孩子不仅缺乏独立生活的能力，而且在心智上也是很不成熟的，以后长大了很容易成为啃老族。”

从小就摆脱温室教育的苏茜，显然对这些父母的教育方法感到疑惑。她认为，尊重孩子，理解孩子，就应该让他们自己做主。许多发展中国家不少家庭都是大人围着孩子转，父母把自己的想法直接实施到孩子身上，让孩子沿着父母设计好的成长轨道一步一步前进。是的，苏茜承认，在西方，父母也需要在某些情况下对孩子的行为进行限制，比如一些危险动作或者犯罪行为。但是如果在确保安全的情况下，父母还是需要放手让孩子自己做主，不管这些做法多么稀奇古怪不可思议，都要让孩子有一个亲手执行决定的过程，让孩子在实践中成长。

另外，培养孩子的独立能力，不是家长单方面的教育过程，而是与孩子互动的过程，通过与孩子的谈话、交流、沟通，更加尊重、理解、信任孩子，坚信孩子能培养出独立思想和独立人格，以平等的态度对待孩子，给孩子自由成长的空间，让孩子健康茁壮地成长。

巴菲特一直没把自己当成孩子们的保姆或者温室，他只是一个引路人而已，努力去教会孩子们看清人生的方向以及掌握谋生的技能。

我们总是想着要成功，要成为一个卓越的人，可是你有没有想过，你要怎样才能实现自己的目标呢？倘若连最基本的自理自立能力都没有，又何谈成功、何谈卓越呢？在巴菲特看来，每个青少年都像是一个小宇宙，蕴藏着无穷的能量，一旦爆发，可能就会改变自己甚至是世界的未来；不过遗憾的是，很多青少年并没有发掘到自己的小宇宙，他们还不能及时认识自己、发掘自己，甚至还没有完全摆脱对父母、对身边人的依赖。从另一个方面来看，青少年之所以有着很强的依赖性，其中很重要的一个原因就是没能很好地发现和利用自身的能量。可是，我们的潜能就像是一座深埋在底下的矿藏，如果你不去挖掘，不好好利用的话，永远也无法实现它的价值。因此，我们就必须挖掘出自己的潜能，爆发出潜在的巨大能量。

放眼中国，很多80后、90后的孩子都是独生子女，是家里众星捧月的宝贝。虽然很多人都会做一些力所能及的事情，也能管理好自己的东西，但是在规划自己的生活方面还是有问题的。

曾经有位父亲说，他的宝贝儿子已经上初一了，可还是总是睡懒觉。每天早晨都要父母三番五次地催他起床，并总是磨磨蹭蹭赖着不起；但如果真迟到了，他又会埋怨父母不想办法把他拽起来，害得他被老师批评。有什么好的解决方法呢？

其实，上学是孩子自己的事，家长以后可以试着放手别管孩子，让他自主安排起床时间，如果他再迟到就是他自己的事。孩子大了，他应懂得对自己的行为负责的。家长应该告诉孩子：“你已经这么大了，从明天早晨开始，我们不再提醒你起床了，该几点起来你自己上好闹钟，如果闹钟响了你还赖床，我们也不会叫你，迟到了你也要自己负责。”

事实上，虽然很多青少年在自己家人面前总是表现出爱撒娇和蛮横的一面，但是在其他人，尤其是老师和同学面前，还是很在乎自己形象的。不过，如果很多事情我们不自己亲自去做，而是只想着依赖和相信别人的话，那么时间一长，就很容易丧失自理自立的能力。

在日常生活中，理智清醒的父母绝对不会让孩子闲在一边，自己却包揽一切，而是会让孩子做自己能做的事，让孩子学会独立。有教育家提出，“凡儿童自己能做的事，应该让他自己做；凡儿童自己能想的，应该让他们自己想”。

巴菲特的小孙女在4岁的时候，有一天弯腰费力系鞋带，有一个邻居准备去帮下这个可爱的小孩子，却被这个孩子用脆生生的童声问道：“你知道我多大了吗？”“不知道，但我想你还小。”邻居说。“我已经不小了！我都4岁了！”巴菲特的小孙女一副小大人模样地说。巴菲特家族特别注重独立自主意识的培养，孩子的意思是她已经长大了，这种系鞋带的小事不需要别人帮助，自己就可以完成。

社会在不断地进步和发展，要求每个人必须具有健全的人格、强烈的自尊心和自信心、独立自主的意识，才能经受人生的挫折，才符合现代社会选拔人才的起码标准，否则，即使智力超群，也可能会被激烈的竞争无情地淘汰。因此，爱儿子的父母，就应该学会让孩子自己做自己的事情，引导孩子学习，掌握独立自主的能力，只有这样，将来孩子在独自面对政治、经济、文化的急剧变化的时候，才能保持头脑清醒，灵活应对；在面对千难万苦时，他们才能意志坚定，百折不挠。

自理自立是青少年成长和发展的首要前提，也是他们迈向成功和卓越的第一步。缺乏自理能力的人，即使品学再好，也很难成为自己命运的主人。这样的人，就像是温室里的花朵，经不起一点风雨，只能等着别人来催化成长，却无法自己真正成熟起来。

其实，自理自立真的很简单，培养这方面的能力只需要从身边的一些小事做起，比如主动整理自己的物品，自己的衣服自己洗，为自己做一份学习计划，等等。要相信自己，只要你肯去做，能坚持，就一定能够做到。

苏茜认为，每个人的自身就像是一个充满能量、亟待爆发的小宇宙，倘若连最基本的自理自立能力都没有的话，那么你就无法实现自我独立，也就无法让自己的能量适时爆发，只能由着别人的推动来前进；而一旦你将自理自立的想法付诸行动的话，你就会发现自己充满了能量。要记住，及早学会自理自立，学会安排生活，我们才可以在一个自主的空间舒适地生活，才能在遇到困难时调动自己的能量妥善解决问题，才能做一颗能自由运行的小行星。

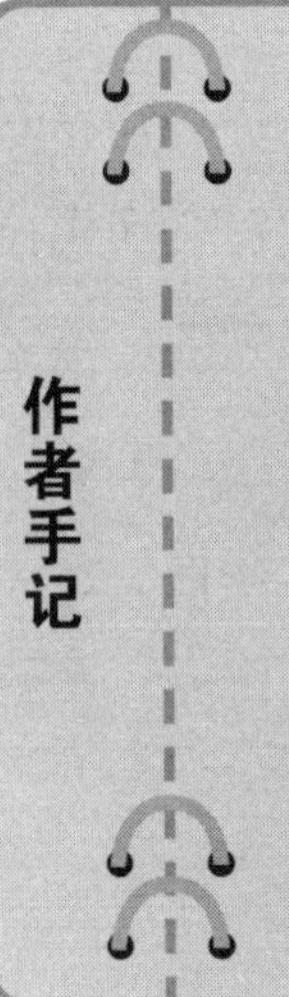

在我的生活中，看到太多的父母采取包办主义，孩子只用专心读圣贤书，其他什么都不用管。可是，孩子终有一天要离开父母的庇护，开始自己的生活。所以家长应该尽早教会孩子独立，让他们用自己的头脑和眼睛去认识世界，从精神上给孩子断奶，斩断孩子对父母的依赖心理。

给孩子金山银山，不如教会他们一门谋生的技能。每位家长都希望自己家的孩子能出人头地，赢得世人尊重，但是如果不让孩子早当家，早早进入社会，他们就会像玻璃一样易碎。所以，从现在开始给你的孩子插上自理自立的翅膀，让他们独立飞翔吧！

很多时候都是你一个人在战斗

“你得独自面对你的人生。”

由于业务的关系，霍华德常常去非洲。非洲炎热的天气、干燥的气候有时候让霍华德苦不堪言。有一天，霍华德去看望父亲，忍不住对父亲抱怨了一下。他半开玩笑地对父亲说，爸爸，你估计不知道那里有多热！你真该去体验一下！

巴菲特知道儿子在调侃自己，于是微笑着回答：“霍华德，你在享受的时候有没有想起让爸爸我也来体验一把？”霍华德一下子听出了父亲的言外之意：怎么受苦的时候叫我去体验，享受的时候就忘记爸爸了？

霍华德一下子不知道怎么回答了。巴菲特用自己温暖的大手拍了下霍华德的肩膀，说道，孩子，你的人生道路是你自己选择的，任何人都不能代替你去面对。

人生的道路上，有鲜花也有荆棘，有光荣也有卑微，这一切的一切都需要我们自己来面对。他人的幸福再怎么幸福，也是属于别人的；自己的痛苦再微小，也得自己来承担。

很多人喜欢抱怨，为什么别人拥有财富、地位、荣誉……而我却什么都不顺利呢？因为这些人从来没有想过，自己开心快乐的时候，他有想过他人在哭泣么？自己荣耀发达的时候，可曾有过趾高气扬的虚荣？在苦难的时候渴望他人与你一起分担，在荣耀的时候却喜欢独自品尝成果。这是可耻的，也是不现实的。

所以，我们需要独立，需要自己面对各样惨淡的人生。

独立意识在个人成长中的作用是至关重要的。在人生旅途中，我们只有摆脱依赖心理，自己做出决定，才能真正找到适合自己发展的道路，施展自己的抱负。一般来讲，拥有独立意识的人往往会比缺乏独立意识的人更自信乐观，因为他们对自己的处境有着深刻的认识，能对自身的能力作出一个合乎实际的预估，所以总能找到适当的解决问题的办法。

人都有一种避难就易的心态，当遇到有什么困难时，总是会不自觉地想依赖和求助于他人。但你有没有想过，别人就一定靠得住吗？佛学中有这样一个禅理故事，或许能对我们有所启发。

一个人在屋檐下躲雨，看见观世音菩萨撑着伞走过。这人说“菩萨，普度一下众生吧，带我一程如何？”观世音菩萨说：“我在雨里，你在屋檐下，而檐下无雨，你无须我度啊。”这个人立刻跳出屋檐下，站在雨中：“现在我也在雨中，该救我了吧？”观世音菩萨说：“你在雨中，我也在雨中，我不被淋雨，是因为我有伞，你被雨淋是因为没有伞。所以不是我度自己，是伞度我。你要想得度，请找伞去！”说完就走了。

第二天，这人又遇到了难事，便去庙里求菩萨。当走进庙里，他才发现庙里的观音菩萨像前也有一个人在礼拜，那个人长得和观世音菩萨一模一样。这个人很惊讶：“你真是观世音菩萨吗？”那个人说：“我就是。”这个人又问：“那你为什么还自己拜自己？”观世音菩萨笑道：“我也遇到了难事，但我知道，求人不如求己啊！”

很多时候，我们的命运往往掌握在自己的手中，即使是神仙也未必能帮得到你，求人不如求己。这正是故事带给我们的启示。

巴菲特的小儿子彼得也深知这个道理，他知道自己的音乐梦想靠不了别人，只能靠自己。于是，他筹划了一部融合音乐、舞蹈、叙事和视觉效果的多媒体剧，并把这个剧目称之为《魂》。这部多媒体剧在公共电视台的一个专题节目中首播后，便开始以真人舞台剧的形式进行巡演。

但是巡演比想象中困难——因为这是彼得第一次创作一部真人舞台剧！他一次负责与其他优秀的合作者共同创作故事框架。彼得知道，既然他要享受音乐带给他的快乐和荣耀，那么他就必须承担起这些困难和责任。

一个自强自立的人，必须勇于面对那些生活给你制造的层出不穷的问题，必须担负起自己的人生。

彼得知道世界充满了那些追随者、依附者、模仿者，他们喜欢循行旧的轨道，喜欢以他人之思想为思想。但是社会所需要的却是那些有创新的人，能够离开走熟了的途径而闯入新天地的人——那些离开了先例旧方而医治病人的医师，那些用别出心裁的方法办理讼案的律师，那些把新的理想、新的方法带进教室的教师，等等。

彼得很快意识到，他的舞台剧要成功，必须融会贯通，独一无二。这就是《魂》这部剧的整体思想：重新联通。彼得希望自己的这部“独一无二”的舞台剧能够唤醒每一个人，让他们认清自己的起源和本真，并为此感到振奋。

从舞台布景到巨人造型，再到定制表演用的帐篷，彼得最后的演出获得了极大的成功。他经受住了生活的考验，也收获了生活带给他的极大荣誉。

不要害怕你自己成为“创始人”。不要仅仅做一个人，更要做一个新的人，独立的人。不要想去抄袭仿效你的祖父、你的父亲、你的邻居，这就像紫罗兰花要模仿玫瑰花、菊花想要效颦向日葵一样的可笑。要知道，没有人能够因仿效他人而得到成功。成功是不能从抄袭、模仿中得来的。成功是个人的创造，是由创始的力量所形成的，所以我们要勇于去做成功路上的创始者。

“我举手发言，同学们肯定会笑我像个小学生；可是如果我不举手，老师会觉得我这段时间没有任何进步；但我心里有一点点想法想要说，但又不是很成熟的想法……”一个准备在课堂上发言说说自己对近代史的看法的少年，内心充满了矛盾和纠结。其实这些想法的背后都是一种情绪——恐惧。

恐惧是动物的一种本能。当我们看到狮子老虎的时候，我们不用思考也会体验到那种恐惧的感觉。死亡、疾病、自然灾害、天敌等因素的存在，让我们潜意识中存在着危机感。当面对不确定的事情的时候，恐惧就会发挥作用。

在孩童的时候，可能我们害怕的东西还比较少；但是随着年龄的增长，我们对很多事情有个一知半解的认识的时候，恐惧感就随之增强了。恐惧能摧残青少年的创造精神和个性，使青少年的精神机能趋于衰弱。一旦一个人心怀恐惧的心理、不祥的预感，则做什么事都不可能有效率。恐惧这个恶魔，从古到今，都是我们最可怕的敌人，是进步事业的破坏者。

最坏的一种恐惧，就是常常预感着某种不祥之事的来临。这种不祥的预感，会笼罩着一个人的生命，像云雾笼罩着爆发之前的火山一样。

生活中，许多青少年都有一种杞人忧天感，他们常常猜想着大不幸的降临：要生病了、要遭遇不测、要面临火灾水害。假使在他们出门的时候，他们的心目中一定会产生出种种灾难——火车出轨、轮船沉没——他们总是想到最坏的一面。而《秘密》是这种人的福音，因为在秘密法则中，它能教会我们的最重要的一种能力，就是战胜恐惧。

当一个人整个心态和思想随着恐惧的心情而起伏不定时，干任何事情都不可能收到功效。而秘密法则展示给我们的是：在实际生活中，真正的痛苦其实并没有想象中那么大。那些使得我们愁眉苦脸的事情，那些使得我们步履沉重、面无喜色的事情，实际上并没有发生，这些恐惧只源于我们将自己的内心孤立。如果我们能想到自己不是一个人在承担这份恐惧，如果我们相信当决定解决问题的时候，会有很多人愿意帮自己一起面对。我们就不会觉得有什么事情是无法解决的。

要知道，恐惧纯粹是一种心理想象，是一个幻想中的怪物，令我们感到恐惧和担忧的90%的事情，并不会真正发生。多与人交往，打开自己封闭的世界，我们的恐惧感就会消失。如果我们都被正确地告知，没有任何臆想的东西能伤害到我们；如果我们的见识广博到足以明了没有任何臆想的东西能伤害到我们，那我们就不会再感到恐惧了。

在这个世界上，你并不是孤零零的一个人，有许多人能够为你提供帮助和支持。如果你懂得运用学识、经验、能力及影响力来消除自己内心的恐惧，成功会来得更快且更有保证。

查尔斯是苏茜的好朋友，他喜欢创作，在大学期间已经发表了100多篇文章，有评论时事的，有讽刺学校的，还有一些是短篇小说。他看见苏茜进了报社，十分羡慕。

毕业前，苏茜指着一则招聘启事说：“这家报社正在招聘编辑，你可以去试试。”

其实查尔斯也知道这家报社在招聘，但他对自己没有什么信心：“苏茜，我不符合条件，他们要求的编辑实际工作经验必须两年以上。”

苏茜笑道：“你发表作品的时间不也已经超过两年了吗？你肯定没有问题的，记得带着你的作品！”

查尔斯又说：“我想大家肯定都知道这个消息了，现在正是经济危机的时候，报社有的是高才生挑选，我就怕自己没有什么竞争优势。”

苏茜问：“你见过总编了？你了解过全部竞争对手的情况了？”

查尔斯说：“没有。”

苏茜严肃地问他：“那你到底怕什么？”

查尔斯想想，最多自己也就被拒之门外，那样就继续关注别的工作好了。于是，他拎着一档案袋的发表作品去见总编，竟被破格录用了。

查尔斯之所以感到没有信心，就是因为他觉得自己是一个没有名气的学校的学生，而报社那边是要求苛刻的招聘方。好在他还能够和苏茜说说自己的想法，苏茜帮他打消了种种顾虑。如果他自己一个人闷在心里想这些心事，一个好的工作机会恐怕就被他错过了。

巴菲特教育自己的孩子一定要勇敢地面对自己的生活，因为不管你选择逃避还是面对，生活中的困难还会在那里等着你。其实，很多时候我们都是被自己的心在折磨，因为事情已经发生了，你只有去解决它，去面对它，只有靠自己的双手才能把生活中的那些烦心事一一解决。不管别人如何帮助你，爱护你，或者陷害你，打击你，你的路始终需要自己来走。

许多时候，问题并没有想象中的那般巨大恐怖。当还未去尝试的时候，自己就给自己下结论“我肯定是不行的”，这样论断等于已经放弃了很好的展示自我的机会。其实当我们感到害怕时，与其向“恐惧”投降，不如理智地判断一下，如果害怕起不到任何作用（绝对是这样的），那就试着从心底消除恐惧、战胜恐惧。

战胜恐惧的力量只在我们直接面对恐惧事物的瞬间产生。如果想得越多，潜能就被自己封锁得越严，最后，只会相信自己绝无那种抗拒恐惧的能力。所以请先开放自己的内心，相信自己。屠格涅夫曾说：“先相信你自己，然后别人才会相信你。”一个青少年无论处于何种环境之下，只要改变恐惧的内心，不丧失自信，就会有成功的希望。

作者手记

生活总需要你独自来面对，既然无法选择逃避，我们就应该微笑着接受它。有一天，我看到一个才20岁出头就有了小孩的年轻人，看着她稚气未脱的脸，很难相信她已经是个妈妈了。我问她现在带孩子累吗，她灿烂地笑道：为什么会累呢？我很喜欢小孩！而且，既然已经有孩子了，我就得承担起母亲的责任来，毕竟，有个可爱的宝宝，这是每个女人的梦想啊！

听完她的话，我感到一些震惊，换作不少当下的年轻人，肯定会抱怨自己还没玩够，带孩子太累，或者自己的父母怎么不帮自己带孩子云云，她却如此豁达开朗，看到了孩子带给她的快乐与充实。最后仔细一想，我明白了，其实每个人都是活给自己看的，自己开心就是最大的舒畅。对于这个女孩来说，别人（包括我）的看法或者误解算得了什么呢？她的人生属于她自己，她要独自面对自己的生活！

其实每个人都是一样的，我们的生活是属于我们自己的，是独一无二的。好好过自己的日子，好好经营自己的生活！

“独立”后才能走得更远

“如果你能从根本上把问题所在弄清楚并思考它，你就永远也不会把事情搞得一团糟！”

在三个孩子长大以后，巴菲特并没有在经济上过分帮助他们。他虽是他们的父亲，但更是精神导师。他告诉孩子们，走入社会以后，独立可以让他们更自由，活得更加精彩，如今是他们大显身手的时候了。

那些历史上革新世界、大有所为的名人，都乐于面对挑战，他们笑傲江湖，挥斥方遒，成就了自己的一方霸业。

温室里的花朵总是那么柔弱，只有经过暴风雨洗礼后的花儿，才能在春天里怒放。只有踏入社会，你才能真正成长。

成功的因素有很多，但其中一个很关键的因素就是要有一种敢于冒险的精神，学会独立，自己的事情自己做主，这样，你才能释放自己的潜力，壮大自己的实力。

没有“温室”的照顾，也许你的生活充满了风险，但是敢于向风险挑战，在风险面前不屈不挠，去追求一般人不敢去追求的目标，开拓创新，就能取得一般人不能取得的成功；相反，在风险面前畏惧的人，不敢做第一个吃螃蟹的人，不敢去攀登更高山峰的人，肯定不会享受到冒险时的刺激和成功后的喜悦，他们一生只能碌碌无为，甚至被社会淘汰。

青少年时期是正处于人生转折的关键阶段，要树立独立意识，做真正掌控自己命运的主人。为了加强这方面的培养，我们可以在以下方面加以注意：

首先是要学会独立观察和思考。我们应该有意识地锻炼这方面的能力，平时多观察，在观察中思考和领悟。在遇到事情的时候，也应该先自己动脑筋想想，凡事自己先拿主意，实在想不到好的解决方法时再请求别人的帮助。

其次是加强行为方面独立意识的锻炼。就是说，我们应该学会自理和自立，自己能做的事，就尽量先自己尝试着去做，不要总想着依赖他人。

另外就是自我管理和自我评价等方面能力的培养。要学会对自己的目标、思想、心理和行为等进行管理和正确评价，学会自我约束和自我激励。

你是在等着别人的帮助，还是在期待上帝的“神奇力量”呢？别再等待了！只有你才是自己命运的掌舵者，只有你才是你自己的上帝！

曾经有人问巴菲特：如果出现问题的话，你去请教什么人？巴菲特回答说：投资成败一定源于思想层面的深深领悟。所以当真正出现出问题的时候，只有对着镜子说话。巴菲特的回答告诉我们，要做一个决定的时候，真正可依靠的只有自己，你必须通过自己的思考去解决问题，把事情解决好。

哲人说“风险与机遇并存”，其实巴菲特自己的投资历史就是这样，只有独立，只有释放自己的潜力，挑战风险，才能获得巨额的利润。

早在上中学的时候，巴菲特就已经显示出自己前瞻的眼光和独立自主的操作能力。1945年，正在上高中的巴菲特，因为当报童时积累了一笔钱，突然决定去内布拉斯加投资一个农场。这个农场有40多亩，还没有被开垦。巴菲特决定投入1200美元。

巴菲特的投资举动几乎让所有的同学都感到惊异，就连朋友和亲戚们也都劝他慎重。他的父亲老巴菲特只是把他的行为当作孩子般的游戏罢了，也没有过多去关注。他在孩子的投资上比较开放，主要是孩子根本不需要用他的钱来做事情，因此他无须考虑风险。但是巴菲特只是告诉了父亲这个决定，而不是来商量和征求他的意见。事实证明，老巴菲特的确多虑了——他的孩子几乎就是个商业神童。巴菲特既当学生又当农场主，之后把那农场出租给了当地的农民。不久就收回成本，还赚了不少钱。

巴菲特不依附任何力量做事，包括自己家庭的力量，对亲人的支持也是讲究分寸的。

巴菲特还在上中学时，父亲有次去他的房间，看到他正在填写着什么，就询问他正在做什么。巴菲特兴奋地告诉父亲说，自己在填写报税单，他要给自己的收入缴纳相应的税款了。

听到这里，老巴菲特十分高兴。孩子这么小就已经拥有了如此强烈的社会责任感，能够自觉遵守社会秩序和法律规范，这让他无比欣慰。他大声地对巴菲特说："好啊，沃伦！我看这次得好好奖励你一下了。这样吧，这次的税款由爸爸代你交了！"

"不！爸爸。这不是你的事情。我的这些收入是理应缴纳税款的。所以，还是由我自己来交更合适。"巴菲特坚持道。

“呵，沃伦真的长大了。”老巴菲特由衷地赞扬孩子。

随着年龄的增长，巴菲特的独立自主意识和独立思考的能力更加成熟。大学毕业后，巴菲特先到父亲的公司工作。他主要是负责向客户们推荐增值的股票，然后从股票的赢利中抽取自己所得的佣金。在这个岗位上，巴菲特依旧表现出不同凡响的独立判断能力和观察力。

熟悉了具体业务之后，巴菲特就认真地研究和分析，选中了一只名为GELCO的股票，这是政府公务员保险公司的一只股票。为了保证自己的判断正确，巴菲特亲自跑到这个公司去打探消息，了解公司的实际状况，做到了心中有数。但是，当他向公司拿出购买意见的时候，除了公司内部不同意之外，还几乎遭到了所有咨询专家们的反对。几位保险业的前辈认真地告诉他，他过高地估计了这只股票的价值。巴菲特再次严密地分析了这只股票，运算出股票的毛利率将能够达到五倍之多，从中获利是无疑的。巴菲特没有犹豫，在没有人相信他的时候，他还是始终对自己保持自信。他为此以身示范，拿出了自己的资金，投入10000美元购买GELCO股票。幸好，他的姑姑爱丽丝也积极支持他投资这只股票。局面逐步打开，一些客户也开始投资GELCO股票。

果然不错，在不到两年的时间里，GELCO股票攀升两倍之多。他也净赚5000多美元。1954年8月，巴菲特如愿以偿地进入格雷厄姆—纽曼公司工作。这是他的导师格雷厄姆和罗姆·纽曼联合创办的投资公司。

在工作的第一年，巴菲特就充分发挥出自己独立思考的能力，展示了在投资上的才华。虽然是刚刚起步，但巴菲特对投资市场的敏锐眼光很早就表现出来。应该说，这是他将长期的学习和市场的实践结合所产生的信心。

有一次，巴菲特看上一只名为家庭保险公司的股票。这只股票名不见经传，没有多少可以参考的资料，难以进行准确评估。巴菲特收集相关数据时很费脑筋，为此专门跑到这家公司内部了解情况。最后他判断，这只股票每股15美元的价格几乎算是一只非常廉价的股票，其价格肯定会大幅攀升。于是向公司作出了购买的申请。

但是，巴菲特的意见遭到他上司霍华德的反对。他一点儿也不认可巴菲特的意见，在听了巴菲特的研究和判断之后直摇头，并立即否决了巴菲特的想法。在霍华德看来，还是大家都在购买的一些股票更为可靠。大家都看好的股票是集体共同分析的结果，有着更为详细的市场数据和较小的风险。

面对这种局面，“我相信自己”，巴菲特还是保持个人的独立观点。在公司不予支持的情况下，他说服同事克纳普，在他和自己的账户中各买一部分。

不到一年，这只名为家庭保险公司的保险股票，每股价格从15美元一直上升到370美元，价值翻了20多倍，令巴菲特的上司和同事们目瞪口呆。他们都惊异于巴菲特怎么能够在众多的股票中发掘出这种股票的潜值来。

这还不过只是开始。在纽曼公司的《投资手册》中，写着一条利用不同市场的价格来从中获利的原则。可是一直以来，这个方法还没有人去具体地运用，而巴菲特很快就把它应用到实际之中。他犹如一个老练的猎手，十分自如地在股票市场中捕获自己需要的“猎物”。

巴菲特到纽曼公司才刚刚几个月的时候，巧克力股份公司宣布用本公司库存的可可豆来回购一部分公司的股票。巴菲特从中看到了商机。他去了不同的市场，了解到可可豆在不同市场的价格，认为其间的差价非常可观。

这次公司认同了巴菲特的想法，并由他来具体执行。于是巴菲特一边用股票到巧克力公司换取可可豆，一边拉可可豆到另外的市场出售。由于可可豆的价格高昂，巴菲特为纽曼公司赚取了可观的利润。

然而，在纽曼公司工作不到三年的时间，巴菲特就决定回到故乡奥马哈独自创业。这个时候的巴菲特已经胸有成竹，他相信自己的投资能力，决定从此之后就不再为任何公司和任何人去服务。他要自己做主来实现人生的理想。

1956年5月1日，尽管巴菲特手中没有多少资金。但他的合伙公司还是顺利成立了。巴菲特这年25岁。他为公司投入了100美元49美分。其中100美元算真正的投资，那49美分只是到商店里购买的一本记账本的费用。

这个小小的企业总共有七位有限合伙人。由于人们对投资领域还是相当陌生，加上巴菲特那时候还没有太大的影响，所以他的企业里主要以亲友为主。他们是四位家族成员和三位好友，总共募集了105000美元。这些资金是他的亲友们因为对他无限信任而投入的，已经尽到了他们的所能。巴菲特却明确表示，他们这些合伙人都没有投票权，不能够对公司的营运指手画脚提意见，要始终以自己的思想为指导。简单地说，一个投资人除了拿投资款项之外，一切其他的事情都不能过问。根据奥马哈有关法院保留下来的有限合伙企业证明显示，这七位与巴菲特有着直接关系的合伙人，后来成为奥马哈整个金融市场上的大赢家。以下就是他们最初的投资情况：

在这一年里，如果你把1万美元交给巴菲特，它今天就变成了3亿多美元。得到实惠的最初投资人，当时只是知道巴菲特有能力做好。但的确没有想到，巴菲特竟然把他们带入一个举世闻名的产业中，让他们都变成千万富翁和亿万富翁。所以，之后随着巴菲特声名鹊起，投资的圈子也慢慢变大，来投资的人越来越多，最初的投资人也不断加码继续投资。他们无一例外都获得了利润。几十年中，巴菲特在30万忠实于他的股东之中，孕育了数以万计的千万、亿万富翁。有人统计，在他居住的奥马哈市，在他的投资带动下就产生了200名以上的亿万富翁。这让能够与他接近但又没有给他投资的一些邻居和朋友后来叫苦不迭，遗憾终生。巴菲特创造了股市神话，这已经是全球股市尽人皆知的事实。

倘若巴菲特不独立投资，而是在父母的荫庇下按部就班地生活，他可能只会是一个小有名气的土财主，而不是闻名世界的大投资家。可以说，早早的独立培养了巴菲特做事情的积极性，让他拥有足够的自主权和选择权，这也为他以后的财富生活打下了坚实的基础。

作者手记

其实中国的不少谚语讲明了“独立”的重要性。比如“穷人的孩子早当家”。穷人家的孩子往往没有什么可以依靠，所以往往什么事都得自己动手，有着很强的生存能力。所以，很多出身贫寒的孩子，最终成就了自己的事业。而那些纨绔之家的子弟，往往“富不过三代”，因为他们很多是衣来伸手，饭来张口的人，一旦脱离了父母的庇护，就丧失了生存的能力。

母鸡一直用自己的翅膀护住自己的幼崽，可是她的孩子始终是一只鸡；母狮驱逐自己的幼崽去奔跑，去捕猎，所以她的孩子能成为百兽之王。要成为雄壮的狮子还是孱弱的小鸡？选择权在你自己手里。

第五章

任何时候都要选择快乐

找到平淡生活里的“钻石”

“不管未来怎么样，现在总是要继续前进的。”

巴菲特去公司打开邮箱，发现收到一个年轻人的邮件。原来，这位年轻人觉得自己现在从事的行业完全没有前途，十分灰心丧气，决定跳槽到另外一个行业，但是自己又不具备那些热门专业的技能，在彷徨之中，他决定给自己的偶像巴菲特写一封信，请教一下自己应该何去何从。

巴菲特知道，不少年轻人都把自己当作人生的导师，于是他欣然地回了一封邮件给这个迷茫的年轻人。他在邮件里给这个年轻人讲了一个故事：

阿里·哈法德住在距离印度河不远的地方，他家拥有大片的兰花花园、稻谷良田和繁盛的园林。有一天，一位年老的佛教僧侣前来拜访这位老农夫。他坐在阿里·哈法德的火炉边，向这位老农夫讲述钻石是如何形成的。最后，这位僧侣说：

“如果一个人拥有满满一手的钻石，他就可以买下整个国家的土地。要是他拥有一座钻石矿场，他就可以利用这笔巨额财富的影响力，把孩子送至王位。”

那天晚上上床时，阿里·哈法德想："我要一座钻石矿。"他整夜难以入眠，第二天一大早就跑去询问那位僧侣在什么地方可以找到钻石。

"只要你能在高山之间找到一条河流，而这条河流是流淌在白沙之上的，那么，你就可以在白沙中找到钻石。"僧侣说。

于是，阿里·哈法德卖掉了农场，把家交给了一位邻居照看，然后出发去寻找钻石了。他先是前往月亮山区寻找，然后来到巴勒斯坦地区，接着又流浪到了欧洲，最后他身上带的钱全部花光了，衣服又脏又破。在旅途的最后一站，这位历经沧桑、痛苦万分的人站在西班牙巴塞罗那海湾的岸边，将自己投入了迎面而来的巨浪中，从此永沉海底。

几十年后的一天，当阿里·哈法德的继承人（继承并居住在阿里·哈法德的庄园）牵着他的骆驼到花园里去饮水时，他突然发现，在那浅浅的溪底白沙中闪烁着一道奇异的光芒。他伸手下去，摸起了一块黑石头，石头上有一处闪亮的地方，发出彩虹般的美丽色彩。

几天后，那位曾经告诉阿里·哈法德钻石是如何形成的僧侣，前来拜访阿里·哈法德的继承人。当看到架子上的石头所发出的光芒时，他立即奔上前去，惊奇地叫道："这是一颗钻石！这是一颗钻石！阿里·哈法德已经回来了吗？"

"没有，阿里·哈法德还没回来。那石头是在后花园里发现的。"

然后，他们一起奔向花园，用手捧起河底的白沙，发现了许多比第一颗更漂亮、更有价值的钻石。

这就是印度戈尔康达（Golconda）钻石矿被发现的经过。戈尔康达钻石矿是人类历史上最大的钻石矿，其价值远远超过南非的金伯利

（Kimberley）。曾经，英国国王皇冠上的库伊努尔大钻石（Kohinoor，106克拉）以及镶在俄国国王王冠上的那颗世界上最大的钻石，都取自戈尔康达钻石矿。

巴菲特讲述了当时世界上最大的钻石矿——戈尔康达钻石矿的传奇发现经过。当我们今天再次阅读戈尔康达钻石矿的发现经过时，仍然会被故事背后的深刻寓意所惊醒和震撼。你仔细看过自己脚下的土地了吗？你注意自己手头的工作，并认真分析过手头工作可能给自己带来的巨大财富和机遇了吗？你每天都在羡慕朋友的工作或是感叹成功者的机遇可遇不可求吗？

“如果一个年轻人在他的工作和生活中不能发现任何机会，而他认为自己可以在其他地方做得更好，那么他会感到非常灰心和失望。”这是巴菲特给年轻人的忠告。大部分人不能清晰地意识到，自己手头的平凡工作就是一座丰富的钻石矿，只要好好挖掘——全力以赴、尽职尽责地做好目前所做的工作，就能找到属于自己的“钻石”——包括职位的提升和财富的增加。

巴菲特认为，这个年轻人并非真正看不到前途和希望，而是无法战胜自己的心魔。他不选择乐观地面对眼前的困境，而是将困难无限放大，最终自己也被彻底吓倒。

在快节奏的现代社会，许多人心态浮躁，总是想“做这份工作有什么希望”、“混呗，干这差事能有什么出头之日”。他们坚信世界上有很多挣钱或者成功的机会，于是他们焦急地等待，等待另外的时间、另外的地点、另外的行业、另外的工作职位，但绝不是现在，绝不是手头上这个日久生厌的工作。他们憧憬在将来提高自己，却不珍惜眼前的机会。

太多的牢骚只能证明你缺乏能力，而无法解决实际问题，因此，抱怨从来就不是工作的解救方法。要想做好自己的工作，必须首先抛弃自己的抱怨心态，变消极为积极，对自己的工作负责。只要好好地对工作负责，你就会最终发现自己是最大的赢家。从表现上看，一个人的工作是有益于公司、有益于老板的，而实际上，承担工作中的责任，最终的受益者还是自己。一个人抛弃了抱怨的心态，对工作尽职尽责，才能发掘出出自身的潜力，取得优异的业绩；而消极对待工作的人，纵然才华横溢，也会逐渐流于平庸。所以，无论你拥有什么样的抱怨情绪，无论你曾经做出多么大的业绩，你都应该在自己的工作岗位上担负起自己的责任，把工作做得尽善尽美。这个过程会激发出你的潜力，使你成为公司里的佼佼者。

霍华德的一位朋友在一家大型建筑公司任设计师，他刚到公司时老板并没有给他分配很重要的工作，只是常常让他跑工地、看现场，有时还要为不同的老板修改工程细节，异常辛苦。但这位朋友仍认认真真地做，毫无怨言。

有一次，老板安排他为客户做一个设计方案，时间只有三天。接到任务后，他察看完现场，就开始工作了。因为这是他接受的第一个重任，所以他是在一种异常兴奋的状态下度过的。三天时间里，他食不甘味，寝不安枕，满脑子都想着如何把这个方案做好。他到处查资料，虚心向别人请教。三天后，他把设计方案交给了老板，得到了老板的肯定。这个方案给公司带来了巨大利润，老板也对他留下了好印象。此后，霍华德的这位朋友平步青云，薪水也几乎是连年翻番。

后来，老板回忆第一次交给他的重任，这样说道："我知道给你的时间很紧张，但我们必须尽快把设计方案做出来。如果当初你因此抱怨，甚至推掉这个任务，你将永远不可能得到公司的重用。你表现得非常出色，在最短的时间内圆满完成了任务。我们公司当然需要你这样的员工，所以在你完成这个任务之后我便着力培养你。”

其实，即使在极其平凡的职业中、极其低微的位置上，也往往蕴藏着极大的机会。只要我们把自己的工作做得比别人更专注、更迅速、更正确、更完美，只要利用自己的全部智慧，从工作中找出新方法来，便能引起别人的注意，从而使自己有发挥本领的机会。无论做什么工作，只要我们沉下心来，脚踏实地去做，就总能得到收获。

我们要努力使自己专注于手中的具体工作，哪怕是看似平凡的琐碎工作。“三百六十行，行行出状元”，无论你从事在什么行业，都不应该浮躁，要认识到自己所拥有的一切。看看自己脚下的土地吧！其实，每一份工作都是一座丰富的钻石矿。感谢在职的每一天，用心做好在职的每一天，你一定也会发现你家后院的“钻石矿”。

作者手记

与其抱怨黑暗，不如在心中点亮蜡烛，给自己创造光明。

忧虑是人性的一种最消极、毫无益处的缺陷之一，是一种极大的精力浪费。当你忧虑时，你会沉湎于过去，为自己的某种言行而沮丧或不快，在回忆往事中消磨掉自己现在的时光。当你产生忧虑时，你会利用宝贵的时光无休止地考虑将来的事情。对我们每个人来讲，无论是沉湎过去，还是忧虑未来，其结果都是相同的：徒劳无益。

培养快乐的习惯

"快乐任我取舍，尘世间的任何幸福我都能得到。"

西方有一句话是这么说的："人死后，站在神的面前时，神讨厌那些规避他所赐予快乐的人。"

一个人要想生活得幸福，必须充分认识到快乐的巨大意义和巨大价值，有积极、正确地追求快乐的强烈意愿，培养强烈的快乐意识、快乐观念，把快乐作为日常生活的必修课。

快乐，一方面取决于客观实际，另一方面则取决于认知、思维方式。如果你觉得不幸福，就会感到不幸；相反，只要心里想快乐，绝大部分人都能如愿以偿。很多时候，快乐并不取决于你是谁，你在哪儿，你在干什么，而取决于你当时的想法。两个人从同一个窗口往外看，一个人见到的是泥土，一个人见到的是星星。有一个囚犯，当法庭宣布判处他5年徒刑的时候，他竟高兴得跳了起来，因为他一直以为要被判8年。所以，莎士比亚说："事情的好坏，多半是出自想法。"伊壁鸠鲁也说："人类不是被问题本身所困扰，而是被他们对问题的看法所困扰。"如果掌握了乐观思维法、光明思维法，人生万事万物都能够引起我们的快乐。

巴菲特曾经给孩子们讲过自己家族的一个小故事：

巴菲特的祖父是一个小村庄酒铺的合伙人。这一天，他们卖完存货，便一起驱车去城里买了一桶威士忌。

在回家的路上，天气渐渐冷起来，还刮起了大风，两个人互相开玩笑说对方想喝威士忌。但要真那样做可就是个严重的问题，因为事前他们装酒的时候就曾约定，谁也不能先喝一口，那是他们一周的生活来源。

老巴菲特可是个聪明的家伙，他翻了翻口袋，找到了5毛钱，于是他对曼代说："给你5毛钱，从你那份酒里卖给我一点儿喝。"

曼代是个生意人，他回答道："既然你付现金，那我自然是要卖给你的。"

于是他舀了一杯酒给老巴菲特。老巴菲特喝了酒以后，不久暖和了起来，而且变得很兴奋，而曼代的鼻子因为冷而变得更青了。

他真嫉妒该死的老巴菲特能那么幸运地找到5毛钱！但是，突然他碰到了口袋里的那枚5毛硬币。

"现在，这钱可是我的啦！"他自言自语道，"为什么我不能拿它买酒喝呢？"

于是他对老巴菲特说："巴菲特，给你5毛钱，从你的那一份里给我倒点儿酒喝。"

老巴菲特应声道："有现金就行。"

他给曼代舀了一杯酒，收回了他那5毛钱硬币。

就这样老巴菲特和曼代用那唯一的5毛钱互相买酒，你一杯我一杯喝了一路。等他们到酒铺时，两个人都喝得暖烘烘的了。

"真是个奇迹啊！"老巴菲特嚷道，"想想看，整整一桶威士忌才花了5毛钱！"

巴菲特讲完这个故事，看了看孩子们的反应，只见孩子们笑成了一片——他们都认为这个故事实在太可爱了。巴菲特怜惜地抚摸着孩子们的小脑袋瓜，告诉他们，老巴菲特和曼代都不笨，他们只不过找一幌子来成为自己寻求快乐的理由。西方人认为，赚钱是为了生活，但生活并不是为了赚钱。生活的终极目的就是为了追求快乐，比如老巴菲特，他并不富裕，但是这丝毫不能影响他喝酒时那自在的快乐。不要把贫穷当成不快乐的理由，为了快乐，我们不妨也为自己找个借口。

在生活中，性格好的人总能看到生活中好的东西。对于这种人来说，根本就不存在什么令人伤心欲绝的痛苦，因为他们即使在灾难和痛苦之中也能找到心灵的慰藉，正如在最黑暗的天空中，心灵总能或多或少地看见一丝亮光一样。尽管天上看不到太阳，重重乌云布满了天空，但他们还是知道太阳仍在乌云上，太阳的光线终究会照到大地上来。

这种使人愉悦的性格不会遭人妒忌。具有这种性格的人，他们的眼里总是闪烁着愉快的光芒，他们总显得欢快、达观、朝气蓬勃。他们的心中总是充满阳光。当然，他们也会有精神痛苦、心烦意躁的时候，但他们不同于别人的就是，他们总是愉快地接受这种痛苦，没有抱怨，没有忧伤，更不会为此而浪费自己宝贵的精力，而是拾起生命道路上的花朵，奋勇前行。

尽管这种愉快的性格主要是天生的，但正如其他生活习惯一样，这种性格也可以通过训练和培养来获得或得到加强。我们每个人都可以充分地享受生活，也可能根本就无法懂得生活的乐趣，这在很大程度上取决于我们从生活中提炼出来的是快乐还是痛苦。我们究竟是经常看到生活中光明的一面还是黑暗的一面，这在很大程度上决定着我们对生活的态度。任何人间生活都是有两面的，问题在于我们自己怎样去审视生活。我们完全可以运用自己的意志力量来做出正确的选择，养成乐观、快乐的性格，而不是相反。乐观、豁达的性格有助于我们看到生活中光明的一面，即使在最黑暗的时候也能看到光明。

具有乐观、豁达性格的人，无论在什么时候，他们都能感到光明、美丽和快乐的生活就在身边，他们眼睛里流露出来的光彩使整个世界都流光溢彩。在这种光彩之下，寒冷会变成温暖，痛苦会变成舒适。这种性格可以使智慧更加熠熠生辉，使美丽更加迷人灿烂。快乐的心情像一股永不枯竭的清泉，像一片蔚蓝的天空，像一首没有歌词的永无止境的欢歌。它使人的灵魂得以宁静，使人的精力得以恢复，使美德更加芬芳。人的精神、灵魂、美德都能从这种愉悦的心情中得到滋润。

快乐来自于活在当下，当你突然明白周遭微风拂过树梢、枝头弯折、山坡顶的薄雾和明亮的天空，全都是你的延伸之时，你就会感受到快乐。

作者手记

快乐的心可以让我们及时调整心态，保持对工作的兴趣与激情，坚持自己的梦想与追求，工作也因此变得妙趣横生起来。对过去让你皱眉头的事情，换个角度、用乐观的心态重新审视，一定会有不同的感受。能不能从你的工作中感受到乐趣，并非取决于你是否喜欢你的工作，而取决于你是否拥有一颗快乐的心。

精神世界需要快乐来支撑

"地球是运动的，你不可能永远处在倒霉的位置上。"

西方谚语中有这样一句话："如果折断了一条腿，你就应该感谢上帝不曾折断你两条腿；如果你折断了两条腿，你就应该感谢上帝不曾折断你的脖子。"

巴菲特认为不管面对怎样的处境，总是要尽量以积极的心态去面对。在公司里，巴菲特的乐观精神始终感染着大家。在美国金融危机过程中，不少员工感觉前途暗淡，认为在这种大萧条的经济环境下，他们也自身难保。

巴菲特注意到这个情况，于是给所有的员工讲了一个故事：

比尔在一家汽车公司上班。很不幸，一次机器故障导致他的右眼被击伤，抢救后还是没有保住，医生摘除了他的右眼球。

比尔原本是一个十分乐观的人，现在却成了一个沉默寡言的人。他害怕上街，因为总是有那么多人看他的眼睛。

他的休假一次次被延长，妻子苔丝负担起了家庭的所有开支，而且她在晚上还做兼职。她很在乎这个家，爱着自己的丈夫，想让全家过得和以前一样。苔丝认为丈夫心中的阴影总会消除的，那只是时间问题。

但糟糕的是，比尔的另一只眼睛的视力也受到了影响。比尔在一个阳光灿烂的早晨，问妻子谁在院子里踢球时，苔丝惊讶地看着丈夫和正在踢球的儿子。在以前，儿子即使到更远的地方，他也能看到。

苔丝什么也没有说，只是走近丈夫，轻轻抱住他的头。

比尔说："亲爱的，我知道以后会发生什么。我已经意识到了。"

苔丝的泪就流下来了。

其实，苔丝早就知道会出现这种结果，只是她怕丈夫受不了打击，要求医生不要告诉他。

比尔知道自己要失明后，反而镇静多了，连苔丝自己也感到奇怪。

苔丝知道比尔能见到光明的日子已经不多了，于是想为丈夫留下点什么。她每天把自己和儿子打扮得漂漂亮亮，还经常去美容院。在比尔面前，不论她心里多么悲伤，她总是努力微笑。

几个月后，比尔说："苔丝，我发现你新买的套裙那么旧了！"

苔丝说："是吗？"

她奔到一个他看不到的角落，低声哭了。她那件套裙的颜色在太阳底下绚丽夺目。

苔丝想，还能为丈夫留下什么呢？

第二天，家里来了一个油漆匠，苔丝想把家具和墙壁粉刷一遍，让比尔的心中永远保存的是一个新家。

油漆匠工作很认真，一边干活还一边吹着口哨。干了一个星期，终于把所有的家具和墙壁刷好了，他也知道了比尔的情况。

油漆匠对比尔说："对不起，我干得很慢。"

比尔说："你天天那么开心，我也为此感到高兴。"

算工钱的时候，油漆匠少算了100美元。

苔丝和比尔说："你少算了工钱。"

油漆匠说："我已经多拿了，一个等待失明的人还那么平静，你告诉了我什么叫勇气。"

但比尔坚持要多给油漆匠100美元，比尔说："我知道了残疾人也可以自食其力生活得很快乐。"

原来，那个油漆匠只有一只手。从此，比尔振奋了起来。

当我们觉得不开心的时候时，不妨分析一下自己认识上的偏颇，摆脱顾影自怜的思想，更客观、更全面地看待自己和别人，尽量含着微笑生活，那么，我们就会成为情绪的主人，而不是受外界情况的支配。巴菲特认为驾驭和摆脱痛苦是一个强者真正应该具备的素质。他认为："痛苦之中蕴含着一种力量，而且痛苦是一笔财富。"

对于痛苦，不管愿不愿意，几乎每一个人总会遇到。况且，痛苦是客观的，具有存在的必然性。痛苦有其特定的空间局限性和时间变动性的特点。这些特点决定了它可以摆脱，可以战胜，乃至可以转化为一种力量。也正是由于这些特点，决定了并非一切不幸都是痛苦，一切痛苦也并非都是不幸。问题是怎么控制和利用，也就是驾驭痛苦。正如犹太教牧师古许纳在他的畅销书《好人遭受不幸时》中所说："我们必须摆脱那些以过去的痛苦为中心的问题，例如'为什么发生在我身上'之类的问题，改为提出展望将来的问题，例如'既然这件事已经发生，我该怎样应付？'"。

一个人如果能够把自己的痛苦发泄出来，其痛苦就会自然地在自己的掌握中。但对于痛苦的过程，各人必须以自己的方式度过。要把心灵的创伤医好，最重要的就是要积极采取某种行动，而这种行动也就是对痛苦的控制和利用。

对痛苦的控制无非两种方法：一是摆脱，二是引导。摆脱痛苦最成功的办法就是寻找慰藉和转移注意力。但摆脱痛苦需要时间，至于时间的长短，就要看痛苦的程度和情形而定。必须注意的是，不管是哪种情况，如果对身处痛苦之中的人抱有不切实际的期望，认为他们应能够驱逐一切失眠、焦虑、恐惧、愤怒和自疑等痛苦症状和“迅速恢复正常”，则往往会使他们感到彷徨、内疚和失去自信，令痛苦的过程更加长久、更加难以结束。痛苦的极致便是解脱。对于痛苦来说，获得解放的门径，往往也就是脱离痛苦的门径。所以，在痛苦阶段，恰恰是在一切行动似乎将完结的时辰，新的力量诞生，会给你以莫大的支助，这也正是对痛苦合理引导的结果。

巴菲特相信，痛苦是一种财富，你如果能够通过自己的努力合理地控制和利用它，它将给你的人生以鼓舞和动力。

当然，犹太人是反对因痛苦而烦恼，整天郁郁寡欢的。《塔木德》说：“人死了以后，会被虫子吃掉，而活着的时候，也会被烦恼啃得体无完肤。”犹太人认为，不良情绪对人的身体健康是十分有害的，因此，一定要努力疏导和排解。犹太人总结的下面的几种方法值得尝试：

1. 自然发泄

排解不良情绪最简单的方法就是使之“发泄”。有些人有这样的体会和感受：当受了委屈或者沉浸在悲痛欲绝之时，只要痛痛快快地哭一场，就会感到解除了抑郁、忧愁和悲恸，令人有轻松之感。生活中常有这样的事例：突如其来的巨大悲痛，令人难以排解，这时有人劝“哭出声来吧”，结果痛哭一场，往往就会使人从悲痛中解脱出来。

“长歌当哭”当然也是一种排解的方法，此时的“哭”比“笑”往往更有奇效。一些研究者对眼泪进行分析之后认为，哭或因其他感情冲动时流出的眼泪，其化学性质与眼部受机械刺激时流出的眼泪是不同的，前者中含有更多的蛋白质。其中有些生物化学物质，正是引起血压升高、心率加速或消化不良的“罪魁祸首”。当人在哭时，这些物质较多地随眼泪排泄出来，对身体健康自然是有利的。从这个角度说，哭是机体对有害物质的一种自我调控功能。并且，“哭”出了烦闷、抑郁和悲痛，使人心情变得略为舒畅，也是对精神（心理）的自我调节方式之一。

2. 逐渐宣泄

情绪压抑，有时不宜一下子发泄出来，可采取分散疏导、逐渐宣泄的形式。一个人遇到不顺心的事，受到挫折，甚至遭到不幸，比如在恋爱中遭到挫折、亲朋好友去世、生活中发生重大的事故、工作学习上或家中有不愉快的事等，怒从心头起或心中泛起阵阵愁云时，首先可以冷静下来，控制一下自己的感情，然后找诚恳、乐观的知心朋友、亲人倾诉自己的苦衷，或向亲人、朋友写书信诉说苦闷、烦恼。从亲友的开导、劝告、同情和安慰中得到力量和支持，消极的苦闷、忧愁和烦恼心情会随之消散。所以，广交知心朋友，扩大社会交往，建立良好的人际关系，是医治心理不良情绪的良药。

另外，在情绪不佳时，可写诗作赋、撰写文章，抒发自己的情感，也是疏泄不良情绪的有效方法。

3. 投身工作

排除不良情绪最根本的办法是建立良好而稳定的心理状态，用顽强的意志战胜不良情绪的干扰，保持良好的心境。在生活中遇到烦恼，要善于自解自劝，用理智战胜生活中的不幸。任何理智和情感都可以化为行为的动力，无论是愉快满意的情感，还是悲痛不快的情感，都能激励人去工作和学习。人们常说的“化悲痛为力量”就是这种表现。意志坚强者可避免不良刺激，增强抗病能力；意志脆弱者，多神怯气虚，易遭受刺激而发病。事实证明，胸有大志，毅力坚强的人，能够有意识控制和调节自己的情绪，保持良好的精神状态，并积极投身于工作之中。

4. 转移化解

各种情绪的产生都离不开环境。因此，避免接触强烈的环境刺激，有时是必要的。但最好是学会情绪的积极转移，即通过自我疏导，主观上改变刺激的意义，从而变不良情绪为积极情绪。例如，一旦遇到烦恼、郁闷不结时，如果你爱好文艺，不妨去听听音乐，跳跳舞；如果你喜欢体育运动，可以打打球、游一游泳等，借以松弛一下紧绷的神经，或者观赏一场幽默的相声、哑剧、滑稽电影；如果你天生好静，那也可以读一读内容轻松愉快、饶有趣味的小说和刊物。总之，根据自己的兴趣和爱好，进行自己喜爱的活动。这种自娱自乐的活动可以舒体宽怀，怡养心神，有益于人的身心健康。

此外，当你心情不快、痛苦不解时，也可以漫步在绿树成荫的林荫大道上或视野开阔的海滨边，如果有条件，还可以作短期旅游，让自己置身于绚丽多彩的自然美景之中，陶醉在蓝天白云、碧波荡漾、花香鸟语的自然怀抱里，山清水秀的自然环境会使你产生豁达的心境，使一切忧愁和烦恼心情都随之消散。大自然可起到使你舒畅气恼、忘却忧烦、寄托情怀、美化心灵的奇效。

作者手记

经常有员工抱怨自己的工作不赚钱，公司不好，老板太苛刻……似乎在他们眼中，自己不成功、生活不顺心等所有的责任都应该由这些不尽如人意的环境来负责。很多时候，改变环境不如改变自己。只有改变了自己，才能改变世界，才能扭转劣势，找到成功的方法。

第六章

永远不要逃避和妥协

既然已经发生了，你就得勇敢地面对

“艺术家的一切自由和轻快的东西，都是用极大的压迫而得到的，也就是伟大的努力的结果。”

巴菲特曾经说：“面对挑战，应舒展愁眉，开颜欢笑。”生活中，别人随时有可能向你发出挑战。此时，你可能恼怒，可能愤慨，可能逃避，总之不能以平常心接受，更谈不上开心和快乐。可是你有没有想过，别人为什么会挑战你？如果你处处平庸，没有什么可以拿出来和别人一比高下，那么别人挑战你又有什么意义？所以，被挑战是一种荣耀，证明你给别人造成了压力，你是优秀的，你有别人想要超越的地方。

一匹马如果没有另一匹马紧紧追赶并要超过它，就永远不会疾驰飞奔。马需要挑战，人更需要挑战。刘翔在跨栏比赛中破了世界纪录，成了体育界的焦点。与刘翔一起比赛的人，都是来自世界各地的跨栏高手，正因为面对这样强劲的对手，所以平时刘翔才会不断地提高自己，才会使自己在比赛中有更出色的表现。正是因为被对手一次又一次地挑战，菲尔普斯才在北京奥运会上勇夺“八金”。试想一下，如果刘翔的对手只是一些普通的运动员，他在平时还会这样锻炼自己吗，他还会成为世界瞩目的体育明星吗？如果菲尔普斯没有那么多人对他挑战，他又哪来更大的动力去创造那么多奇迹呢？

青松总是屹立在寒冷的冬天，雪越厚，它站得越直。面对挑战，可以看出人的气度和修养。很多时候，面对别人的挑战，别人的语气、眼神、手势等都可能搅扰我们的心，使我们丧失往前迈进的勇气，甚至让我们成天沉迷在忧烦中不得解脱，在前进的道路上迷失自我。面对人生，就让我们以闲看云卷云舒、静观花开花落的心境，以从容去选择，选择一种气度，选择一种风范，选择一种壮美。

巴菲特非常推崇爱迪生，他认为爱迪生身上具有企业家最宝贵的品质——百折不挠。

爱迪生研究电灯时，工作难度出乎意料的大，1600种材料被他制作成各种形状，用作灯丝，效果都不理想，要么寿命太短，要么成本太高，要么太脆弱，工人难以把它装进灯泡。全世界都在等待他的成果。

半年后，人们失去耐心了。《纽约先驱报》说："爱迪生的失败现在已经完全被证实，这个感情冲动的家伙从去年秋天就开始电灯研究，他以为这是一个完全新颖的问题，他自信已经获得别人没有想到的用电发光的办法。可是，纽约的著名电学家们都相信，爱迪生的路走错了。"

这时候，爱迪生什么意见都没发表，他不为所动，而是从容淡定地继续着自己的实验。

英国皇家邮政部的电机师普利斯在公开演讲中质疑爱迪生，他认为把电流分到千家万户、还用电表来计量，是一种幻想。

爱迪生继续摸索，仍然什么也不说，对别人的恶言恶语没有表示一点不满。

当时人们还在用煤气灯照明，因此煤气公司竭力说服人们：爱迪生是个吹牛不上税的大骗子。就连很多正统的科学家都认为爱迪生在想入非非，有人说："不管爱迪生有多少电灯，只要有一只寿命超过20分钟，我情愿付100美元，有多少买多少。"有人说："这样的灯，即使弄出来，我们也点不起。"然而，爱迪生依旧毫不动摇。

在进行这项研究一年之后，爱迪生终于造出了能够持续照明45小时的电灯，完成了对自己的超越。经过自己的坚持和努力，爱迪生不但促成了自己的蜕变，牢牢树立了自己在世人心目中伟大的发明家形象，而且促成了人类生活方式的一次大变迁。正是因为有了他的这项发明，人类才得以真正进入了电气时代。

爱迪生说："感谢你们把那么多的目光全部聚集到我身上，感到压力的同时我也感到了荣耀，正是你们的挑战让我有了今天的成功。"

人的一生不可能是一帆风顺的，当面对挫折和困难时，我们只要选择坚强，勇敢接受命运的挑战，经过不断的努力与磨炼，终会到达成功的彼岸。

我们在职场中打拼，难免会遭受挫折与不幸，甚至失败。例如，你的想法得不到上司的肯定，公司里其他人阻挠你的工作，当你试图主动提建议时总是遭到白眼等。但是，即使这样，我们也不要忘记感恩。

失败算什么？在挫折和失败面前，我们必须有一种永不言败的心态。我们要感激失败的考验，从失败中走出一条新路，这样才有希望摘取成功的桂冠。

作为股神，巴菲特遭受过很多质疑，但是他从不妥协。他给股东们讲过这样一个故事：

龙虾与寄居蟹在深海中相遇，寄居蟹看见龙虾正把自己的硬壳脱掉，只露出娇嫩的身躯。寄居蟹非常紧张地说："龙虾，你怎么可以把唯一保护自己身躯的硬壳也放弃呢？难道你不怕有大鱼一口把你吃掉吗？以你现在的情况来看，连急流也会把你冲到岩石上去，到时你不死才怪呢！"龙虾气定神闲地回答："谢谢你的关心。但是你不了解，我们龙虾每次成长，都必须先脱掉旧壳，才能生长出更坚固的外壳，现在面对危险，只是为了将来发展得更好而作准备。"寄居蟹细心思量一下，自己整天只找可以避居的地方，而没有想过如何令自己成长得更强壮，整天只活在别人的荫庇之下，难怪永远都限制自己的发展。

巴菲特就这样从容地应对挑战，一路上保持着灿烂的笑容和坚强的内心。因为他知道，每个人都是一道彩虹，他自己同样是一道别人永远无法再次演绎的彩虹。而正是在这一个又一个的挑战中，他越发光彩鲜亮，他的果敢睿智、他的才华横溢越来越得到人们的认可，那些挑战他的人最后都成就了他的辉煌人生。

被挑战是一种荣耀，因此你要放开自己，挣脱别人的束缚，不要被别人的言论所和行动左右，找到属于你自己的天空，这样，你才能活得更洒脱，才能在充满坎坷的人生道路上走得更踏实。

作者手记

人的一生不可能没有挑战，无论你是一贫如洗，还是亿万富翁，你都不可避免地要与人争斗，与人抗争。

在曾风靡整个亚洲的韩国电视剧《大长今》里，作为一个被视为贱民的小女孩，长今一进宫就受到小宫女们的歧视，接下来就是一连串的挑战伴随着她。首先是小宫女们不准长今和她们睡同一个屋子，长今只好和连生在外面游荡。

后来她记起母亲对她说退膳间藏有母亲的饮食札记，就鼓起勇气和连生潜入退膳间，不料不小心打翻了皇上的夜宵驼酪粥。长今因此而受到训育尚宫的惩罚，她的苦苦哀求换来的却是：必须端起装满水的铜碗站着直到其他小宫女考试结束以后才可以放下。长今毅然地接受了这个挑战，从晚上站到早上，整整三四个时辰，没有放弃，后来终于感动了提调尚宫和训育尚宫，让她参加了考试。

在电视里，长今永远面对挑战，笑对人生，最终成了赢家。

每个人都是一样，只有面对挑战，方能有所突破，试问，又有哪个成功人士不是面对层层厮杀，才最终脱颖而出的呢？记住，小溪才会是涓涓细流，而大海永远是波涛汹涌。你愿意成小溪还是大海呢？

不要后退，后面就是悬崖

“后面就是悬崖，你退无可退。”

“那只狼始终跟在他后面，不断地咳嗽和哮喘。他的膝盖已经和他的脚一样鲜血淋漓，尽管他撕下了身上的衬衫来垫膝盖，他背后的苔藓和岩石上仍然留下了一路血渍。有一次，他回头看见病狼正饿得发慌地舔着他的血渍，他不由得清清楚楚地看出了自己可能遭到的结局。除非，除非他干掉这只狼。于是，一幕从来没有演出过的残酷的求生悲剧开始了：病人一路爬着，病狼一路跛行着，两个生灵就这样在荒原里拖着垂死的躯壳，相互猎取着对方的生命……”靠着顽强的求生欲望，那个被同伴抛弃在荒野中的垂死的人最终用牙齿咬死了狼，喝了狼血，活了下来。

这是美国作家杰克·伦敦的著作《热爱生命》中一段关于人与狼搏斗的精彩片段。在他的另一本小说《野性的呼唤》中，一只养尊处优的名叫巴克的狗被人偷偷卖到了寒冷的西北矿区，也爆发出了它野性、坚强的另一种潜质，成了最凶残的雪橇犬的头领。生命的力量，在巨大的压力下能爆发出我们永远也想不到的潜能。

在不了解自己的情况下，人们通常会对自己产生怀疑，觉得自己没有办法突破自身的限制，发挥不出应有的作用。对于未知的环境，我们总是习惯于怀疑自己，总觉得自己不行。就是在这样的自我怀疑中，我们消磨了勇于突破的意志，也阻碍了自己爆发潜能的机会。其实，人们在通常情况下只发挥出了他个人能力的1/10，而在受到了严重的挫伤和刺激之后，才能将大部分或者全部隐藏的能力爆发出来。

有一位哲人说：“束缚自己的枷锁往往是自己给自己戴上的。”当自己开始怀疑自己，将自己的勇气和信心都锁进了冰冷的心门里的时候，我们就再也完不成心中积极向上的誓言了。所以，想要人生能够按照自己预定的方向走，想要发挥出自己的所有潜能，就要敢于打破自己强加给自己的枷锁，突破自我。

一天，一个喜欢冒险的男孩爬到父亲养鸡场附近的一座山上去，发现了一个鹰巢。

他从巢里拿了一只鹰蛋，带回养鸡场，把鹰蛋和鸡蛋混在一起，让一只母鸡来孵。于是不久，孵出来的小鸡群里有了一只小鹰。小鹰和小鸡一起长大，因此它不知道自己除了是小鸡外还会是什么。

起初它很满足，过着和鸡一样的生活。但是，当它逐渐长大的时候，它内心里就有一种奇特不安的感觉。它不时想："我一定不只是一只鸡！"只是它一直没有采取什么行动。直到有一天，一只老鹰翱翔在养鸡场的上空，小鹰感觉到自己的双翼有一股奇特的力量，感觉胸膛里的心正猛烈地跳着。它抬头看着老鹰的时候，油然而生一种想法："养鸡场不是我待的地方，我要飞上蓝天，栖息在山岩之上。"它从来没有飞过，但是，它的内心有着飞翔的力量和天性。它展开双翅，飞到一座矮山顶上。极为兴奋之下，它再飞到更高的山顶上，最后冲上青天，到了高山的顶峰。终于，它发现了伟大的自己。

也许有人会说："那不过是个很好的寓言而已。我不过是一个平凡的人。因此，我从来没有期望过自己能做什么了不起的事。"或许这正是问题所在——你从来没有期望过自己做出什么了不起的事来。这是事实，因为我们只把自己限制在自我期望的范围以内，我们压制了自己的潜能。但是人体确实具有比表现出来的东西更多的才气、更多的能力、更有效的机能。

千万别说"我不行"！任何事情没做之前谁也不知道自己行不行。况且我们从尝试的利弊来考虑，尝试失败了，最多说明这条路确实行不通；

而如果尝试成功了，岂不是让我们证明了自己可以做到？

如果别人能够静下心来饱读诗书，你也可以；如果别人能够和同学相处愉快、和父母相互理解，你也可以；如果别人能够站在众多的老师和同学面前说出自己的见解主张，你也可以。

巴菲特指出：“失败不该成为颓丧、失志的原因，应该成为新鲜的刺激。”失败并不可怕，关键是我们要有从跌倒的地方站起来的勇气和心态。

人生的成功秘诀之一在于如何面对失败。有些人将失败看成打击，因而他的前一次失败就种下了下一次失败的种子，那是真正的失败者。另一些人将失败作为一种收获，每一次的失败就为他增加了下一次成功的机遇。屡败屡战，斗志便一次比一次强；愈战愈勇，最终胜利也就自然来临。

万事开头难。突破“我不能”最大的障碍，就是第一次挑战自己的极限。不过，一旦你有了这个好的开始，你就能相信自己有能力做好身边的每一件事，你的人生之路就会越走越好。

任何成功者都不是天生的。无论遇到什么样的困难或危机，只要你敢于突破自己的心理界限，相信自己，你就已经比过去要进步了。对你的实力抱着肯定的想法就能让自己发挥出巨大的潜能，并且因此产生有效的行动，直至引导你走向成功。

作者手记

检验一个人，最好是在他失败的时候，看失败能否唤起他更多的勇气；看失败能否使他更加努力；看失败能否使他发现新力量，挖掘潜力；看失败了以后他是更加坚强还是就此心灰意冷。

感谢失败吧！因为每一次失败，都是一次超越的机会；而逃离失败、躲避失败，则会把一个人的活力与成长权利剥夺殆尽，使人变成行尸走肉。所以，失败是超越自我的重要推动力。每一次失败，都能磨炼你的技巧，增强你的勇气，考验你的耐心，培养你的能力。

努力一把，换来胜利的概率

"伟大变为可笑只有一步，但再走一步，可笑又会变为伟大。"

彼得最初从事音乐事业时候，可谓进入了一个人生的窘境：不仅自己的作品无人赏识，连自己租的房子的贷款都要还不上了。

其实在我们的人生中，也有很多时候需要面临这样的情况：成功的希望非常渺小，你甚至对它都不抱任何的奢望，是收手还是继续努力，就在一念之间。

只要事情是正确的、是应该做的，是为了你的人生理想而必不可少的，你就应该全力以赴。

面对困境，彼得没有放弃，仍然继续创作，寻找着机会。彼得认为愿望载着我们驶向某个盼望已久的目的地，制订目标并为之全力以赴，常常能够提升自我尊重。

由于彼得始终坚持着自己的音乐之路，所以最终获得别人的赏识，闯出一条属于自己的路。

有一个小伙子想在圣诞节之前赶到纽约，妻子去帮他买票，售票员却告诉她："很抱歉，没票了，而且有人退票的希望只有万分之一。"于是，妻子失望地回到家，告诉他所发生的一切。没想到，听了妻子的话后，小伙子立即收拾好了自己的行李，准备出发。看到妻子很疑惑，小伙子这样说："我去碰碰运气，如果没有人退票，我就当是提着行李去散步了。"小伙子在车站里一直等待着，直到开车前的三分钟，终于等到了一位女士因为自己的孩子生病了不能出行而退票，他也因此踏上了去往纽约的列车。

这个小伙子就是美国百货业巨子甘布士。他回顾自己在创业上的成功经验时说："我之所以成功，是因为我抓住了万分之一的希望。别人以为我是傻瓜，其实这正是我与众不同的地方。"

生活中我们往往缺少的就是这种坚持。希望的事情没有做成后，就放弃了，伤心、失落、甚至抱怨，觉得老天对自己不公。甘布士之所以成功，就在于他没有抱怨，而是怀着这万分之一的希望去努力，所以他不仅赢得车票，更赢得了事业上的成功。

在职场中，处于类似的情境，有的人成功了，有的人却败得一塌糊涂，这并非两者的智力或运气有多大的差别，只不过有些人把找方法的时间用来寻找借口，而有的人把找借口的时间用来寻找方法。没有任何抱怨，没有任何借口，这才是一名员工高度负责、勇于战斗的表现。接到任务，果断地执行；碰到困难，充满智慧地解决。这是一个聪明的员工应该做的事情。

一个23岁的女孩子，除了有着丰富的想象力之外，与别人相比，她没有什么不同，平常的父母，平常的相貌，上的也是平常的大学。

大学的宽松环境让她有了更多的时间去想象，她的脑海中常会出现童话中的情景：穿着白衣裙的美丽姑娘、蔚蓝的天空、绿绿的草地，当然，还有巫婆和魔鬼……他们之间有着许多离奇的故事。她常常动手把这些想法写下来，并且乐此不疲。

在大学里，她爱上了一个男孩儿，他的举止和言谈真的和童话里一样，他是她想象中的“白马王子”，她很爱他。但是，他却受不了她脑中那些荒唐的不切实际的想法。她会在约会的时候突然给他讲述一个刚刚想到的童话，他烦透了这样的远离人间烟火的故事。他对她说：“你已经23岁了，但你看来永远都长不大。”他弃她而去。

失恋的打击并没有停止她的梦想和写作。25岁那年，她带着一些淡淡的忧伤和改变生活环境的想法，来到了她向往的具有浪漫色彩的葡萄牙。在那里，她很快找到了一份英语教师的工作，业余时间继续写她的童话。

一位青年记者很快走进了她的生活，他幽默、风趣而且才华横溢。她爱上了他，并且俩人很快步入了婚姻的殿堂。

但她的奇思异想同样让他苦不堪言，使他开始和其他姑娘来往。不久，他们的婚姻走到了尽头，他留给她一个女儿。

她经受了生命中最沉重的一击。祸不单行的是，离婚不久，她又被学校解聘了。无法在葡萄牙立足的她只得回到了自己的故乡，靠领取社会救济金和亲友的资助生活。

但她还是没有停止她的写作。现在她的要求很低，只是把这些童话故事讲给女儿听。

有一次，她在英格兰乘地铁。她坐在冰冷的椅子上等晚点的地铁到来，一个人物造型突然涌上心头。回到家，她铺开稿纸，多年的生活阅历让她的灵感和创作热情一发不可收拾。

她的长篇童话《哈利·波特》就这样问世了。并不看好这本书的出版商出版了这本书，没想到，书一上市就畅销全国，销量达到了数百万之巨，使所有人都为此感到吃惊。

她叫乔安娜·凯瑟琳·罗琳，荣登“英国在职妇女收入榜”之首，被美国著名的《福布斯》杂志列入“100名全球最有权力名人”，名列第25位。

罗琳可能也曾幻想过自己有一天能得到读者的认可，不过这样的希望连万分之一也不到。不过她依然在坚持，从不放弃写作这个梦想，最后她做到了。我们在读《哈利·波特》的时候，更要读到的是这位了不起的作家身上具有的那种全力以赴追求梦想的精神。

坚持理想，只要你还在努力就有希望。为了那万分之一的希望，忽略来自外界的种种干扰，这只有伟大的人才能做到，做到的人，也将变得伟大。

当我们面临逆境和挫折时，我们要像“咖啡豆”一样，保持自己的硬度，同时用自己的努力改变身处的逆境，使逆境发生质的变化。

当我们在逆境中不能自拔时，我们不妨想想“咖啡豆”是如何改变沸水的。让我们对着挫折微笑，做一个坚毅与坚强的“咖啡豆”型员工，这样，你会发现自己已经改变了逆境，正在迎来辉煌的事业！

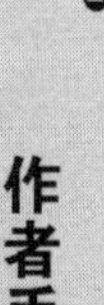

“只有1%的希望，也要付出100%的努力救人。”这是在中国汶川大地震的时候，温家宝总理说出来的一句温暖人心的话。在当时，1%的希望就关系着一个人的生命，为了挽救这个生命，付出100%的努力也是值得的。

同样，在我们生活之中，只要有1%的机会，我们就应该继续争取，而不能束手就擒，望而却步。努力了而失败和放弃而失败虽然结果一样，但对于你的人生意义是迥然不同的。一个是开拓进取，永不放弃；一个是畏首畏尾，不战自溃。

第七章

每个雪球都有自己的坡度

处理好与上司的关系

"千万不要在不该说的时候说，在不该做主的时候做主。"

在不该说话的时候说话、不该做主的时候做主，是职场中许多人常犯的毛病。你必须知道，无论你帮上司管了多少事，也无论你的上司多糊涂，甚至依赖你到了你不在他连电话都不会拨的程度，他毕竟还是你的上司，大事小情毕竟还得由他来做主。出了错，他承担；有面子，也该由他来卖。

苏茜曾经在《新公众》杂志社工作过。一天，《新公众》对一个作家做了一期专访。等杂志出来以后，这个作家收到了一本，他想多要几本送给朋友，便打电话给《新公众》的主编。

主编不在，苏茜恰巧接了电话。"麻烦你转给一下主编，我希望多要几本这期杂志。""这个啊，没问题！您直接派人过来拿就成。"苏茜爽快地说。

作家正打算驱车去拿杂志时，却接到主编的电话："对不起！刚才我不在，杂志收到了吧？我刚才派人给您多送了几本过去。"停了一下，主编又说："可是，对不起，我想知道是哪位小姐说您可以立刻过来拿。"

作家很奇怪，于是问道："有问题吗？"

"当然没问题，您要10本都可以，我只是想知道，是谁自作主张。"

事情的结果可想而知，自作主张的苏茜受到上司的一番责备。上司认为她目中无人，使她在主编心目中的印象大打折扣。苏茜自己也非常生气。听说了这件事，巴菲特安慰苏茜："既然是别人点名找你的上司，作为下属就该转告，而不是替他做主。虽然只是一句话而已，但本来可以由上司卖出的人情，却被你无意挥霍了。"苏茜想了想，虽然不愿承认，但是父亲确实说得有道理。

老板就是老板，下属就是下属，不要自以为聪明，就可以自作主张。巴菲特告诫女儿："真正的好下属要懂得什么时候该说，什么时候该做。"不自作主张，这是员工在处理公司事务时起码要做到的，而要想在这一方面做得更好，还需要做到遇事时多和上司商量，多让上司给你做主。

你有没有常常向上司询问有关工作上的事，或者是自己的问题有没有跟他一起商量？如果没有，从今天起，你就应该改变方针，尽量详细地发问。部下向上司请教，并不可耻，而且是理所当然。有心的上司，都很希望他的部下来询问。部下来询问，表示他的眼里有上司，尊重上司，尊重上司的决定。另一方面也表示，他在工作上有不明之处，而上司能够回答，才能减少错误，上司也才能够放心。

如果员工假装什么都懂，一切事都不想问，上司会觉得"这个人恐怕不会是真懂"，从而感到担心，也会对你是否会在重大问题上自作主张而产生担忧。在工作上，作重大问题的决策时，你不妨问问上司，“关于某件事，某个地方我不能擅自下结论，请您定夺一下”或者“这件事依我看不这样做比较好，不知部长认为应该如何”等。这样不管功过如何，都与你没多大关系。

上司反感下属的自作主张，其实不在于他的擅自决定给工作带来的损失——通常说来，这种损失是微小的。上司心中真正在意的是下属越权行事的行为，以及这种做事风格所反映的下属心中对上司的态度。

因此，工作中多与上司沟通，让他为你出谋划策。假使你有迷惑不解的事，苦恼的事，诸如工作上的难题，家中的困扰，男女感情的苦恼，也可以尽量向上司提出，同他商量。尽管你并不会真正听从上司的意见，但是这样做却会使上司产生“他什么事情都听我的”的心态，认为你在什么问题上都会重视他的意见，在工作上也不会私自越权决策，可以为你以后犯一点小错误求得原谅打下信任的根基。

在职场上，我们必须时刻牢记一条：上司永远是决策者和命令的下达者，无论我们有多大的把握相信自己的判断力，无论你代替上司决定的事情有多么细微，都不能忽略“上司同意”这一关键步骤。否则，当上司意识到本应由自己拍板的事情，被下属越俎代庖，他所产生的心理上的排斥感和厌恶感以及对于下属不懂规矩的气恼，足以毁掉你平时小心经营、凭借积极努力所换来的上司对你的认同。所谓“一招不慎，满盘皆输”，莫过于此。

有些上司自尊心特别强或者本身不自信，所以不喜欢自己做主的下属。作为下属，要区分哪些事情是应该请示领导的，哪些是不请示领导就可以自己去做的。

任何不当的做法都会触犯领导的自尊心。巴菲特给苏茜讲了一件他年轻时的经历：

20世纪50年代初，巴菲特在一家公司担任投资业务员。经过几个月的调查研究，巴菲特终于完成了市场调查报告。正好快到周末了，他小心地检查了文件，确认没有什么问题之后，分发到名单中列出的人员手中。

当回到办公室桌前，他发现主管的脸色不对，对他怒目而视，一副要与他拼命的架势。“我意识到自己无意中冒犯了他，”巴菲特解释说，“他给了我要分发的人员名单，我自认为按他的要求做了。然而他却因为没有看到最后定稿的文件而很恼火，他觉得我眼里没有他。”

主管立即要巴菲特收回文件，然而一切都太晚了。“当我走进经理办公室时，发现他正在阅读我的那份报告。”巴菲特说。

巴菲特感到自从他擅自分发文件之后，主管就对他很不客气，一直在责难他的工作，无论什么事情都要横挑鼻子，竖挑眼一番，最后使得巴菲特辞去了工作。

巴菲特这段短暂的工作经历反映了工作场合中存在的基本问题。一些小的、看起来无意的错误，有时会造成极大的职业障碍。如果我们知道在何处容易出错，就能够避免很多麻烦。

如何避免发生此类越俎代庖的事情呢？

首先要分清哪些事情是上司要亲自拍板的，哪些是上司可以放手的。下属和上司所认同的重要的事情并不完全相同，你要在日常工作中注意观察，多积累经验，了解不同上司的脾气。

如果分不清楚什么是重要的或者不重要的，你可以通过试探性地向上司询问“我已经按照您的意见改完了，您再看一看”，或者“我改完了就发下去，行吗”此类的话，就会避免发生矛盾，即使上司指责也是责任分半了。再怎么说，礼多人不怪。如果上司真是要故意找你的错，你可以拿出具体的时间、地点为自己辩护。

其次，注意程序流程。分派任务的是谁，就应当让谁负责。上下级之间的工作程序应该严格执行。

再次，上司有明确回答时，当做主时就做主；没有交代的事情不要瞎做主，宁可放着，也不动，没有什么事情真的那样急。

所以，很多事情你要请示上司，特别是那些难以决断的事情。现在通讯设备比较发达，随时准备一个电话本，将上司的、同事的、相关联人员的联系方式记录在案，关键时刻会解脱你的责任的。

许多上司正是通过有意识地保持与下属的距离，使下属认识到权力的存在，感受到自己的支配与权威。而这种权威对于上司巩固自己的地位、推行自己的政策和主张是绝对必要的。如果上司过分和气，不注意树立对下属的权威，下属可能就会轻视上司的权威而变得懒惰、拖延、散漫，甚至是有意识地进行破坏。所以，上司通过“架子”来显示自己的权力，进而有效地行使权力，是无可非议的。这对于上司很好地履行自己的职责是必要的。

距离既会给上司带来威严感，也会给下属这样一种印象：他可以随时行使他的权力来达到自己的目的。威严感会使上司形成一种威慑力，使下属感到“服从也许是最好的选择”，而“不服从则会给自己造成不利”。

但上司在有其作为上司的心理与特点的同时，也是有平常心的，至少有平常人一样的友情、亲情、爱情……上司也需要正常人的情感关怀。

其实，把握与上司的距离就像炒菜一样，掌握好了火候，也就不难了。

处理好与上司的关系，务必要与之相互了解。不管你多么才华横溢，志存高远，没有得到上司的任用，也是枉然。你如果对上司的习惯、方法、嗜好等有所了解的话，那么在上司面前说话就会更得体，工作就能做得更合他的心意。这样一来，上司自然会对你印象好。

上司对于你的前途命运都有着很重要的作用。所以，你要善于和上司接近，并适当地和他保持一定的距离。

作者手记

客观来说，仅就工作而言，下属自作主张带来的后果，往往都不会是十分严重也并非全都是消极的方面。可以想象，哪有那么多员工笨到不知轻重的地步，敢于擅自替上司做出关乎单位整体利益的主张？除非他真的是个没有自知之明的人。然而，这种自作主张所带来的对职场上的等级及人际关系常态的冲击，往往是十分明显的。

上司永远是上司，许多需要他定夺的事情一定要让他定夺。因为这里有你对上司的重视。

员工和企业是利益共同体

“员工与老板是互惠互利、创造双赢的合作者，认识到这一点的员工是企业的优秀员工，而将这种做法付诸实践的员工则是缔造优秀企业的原动力。”

“我们每天辛辛苦苦、累死累活，一个月才能拿到那么一点可怜的工资，老板天天喝着咖啡、聊着天、优哉游哉地坐享大部分利润。”初入职场的霍华德，工作辛苦、收入又少，在家庭聚会中情不自禁地对父亲抱怨起来。巴菲特对他的想法不置可否，他说道：“确实有些人认为，员工和老板天生就是一对冤家，他们之间不能兼容。不过，孩子，这是一种十分狭隘的想法。抱有这种想法的人永远无法看到自己与企业的利益一致之处，所以很难成就自己的事业。”

优秀的员工有着不同于一般员工的认识。他们知道老板、企业和员工是一个利益共同体、命运共同体，企业的成长依赖于员工的不断进步，员工的成长离不开企业这个平台。企业的成功不仅意味着老板的成功，也意味着员工的成功。企业兴，员工则兴，这是不变的职场真理。因此，他们能够把企业当成自己的家，积极地跟随企业的发展脚步。巴菲特认为，一个公司想获得良好的发展，与其员工的这种认识是分不开的。

一般说来，那些时刻同老板立场一致、帮助老板取得成功的人，才能成为企业的中坚力量，才会成为企业最受欢迎的人。因为他们像老板一样主动思考、主动做事、积极解决阻碍着团队前进的难题，帮老板排忧解难。他们不仅推动了企业的发展，得到了老板的青睐，还得到了自我锻炼与提升的机会。

员工的“老板心态”是企业成功和个人成长的关键因素，世界许多著名企业概莫能外。巴菲特忠实的伙伴和合作者比尔·盖茨认为，微软之所以成为企业中的佼佼者，关键就在于微软员工的主人翁心态。微软的一位员工说：“我不管是在自己家里，在朋友家里或是大街上，时时都会把别人对我们微软的意见记录下来。”微软的每一名员工都像企业的管理者一样关注着微软存在的问题，思考着微软的经营状况。

而在巴菲特自己的伯克希尔公司，巴菲特试图将这种理念传递给员工——我就是公司的主人。巴菲特要求基层员工主动接触高级管理人员，与上司保持有效沟通，对所从事的工作积极主动，能保持高度的工作热情，而不是尾大不掉，官僚主义盛行。所以，伯克希尔公司的工作效率极其高。事实上，不少公司也有相同的企业文化。放眼优秀的企业，你会发现他们的员工都有着像企业家一样强烈的责任感，他们把就职的公司当成自己的公司，以一种主人翁的心态，精心地观察、呵护着企业，生怕自己的疏忽让企业蒙羞，如同母亲呵护自己的孩子。这就是微软公司、伯克希尔公司等国际知名企业之所以能够誉满全球的真正秘诀所在。

同样，如果你在工作中调整好心态，与企业共患难，共成长，时刻能保持主人翁的心态，你就会像老板那样去工作。在这种心态下工作首先会改变你对工作的认识，提前培养和锻炼你的企业家精神，让你对企业管理、企业培养有一个崭新的认识，如果以后你另起炉灶，这对经营自己的事业是莫大的帮助。相反，始终抱着事不关己高高挂起的心态而不能对企业尽心尽力，会使人养成一种不良的工作习惯，那种自扫门前雪、不管他人瓦上霜的行为将严重影响一个人事业的成功。

伊莱恩曾经是伯克希尔公司的员工。他是一个很有才华的年轻人，但他对待工作总是漫不经心。他总是说："我只不过是在为老板打工，又不是我自己的公司。如果我有了自己的公司，我一定能夜以继日地努力工作，甚至比他做得更好。"

半年后，伊莱恩离开了伯克希尔公司，自己独立创办了一家公司。"我会很用心地努力工作，因为它是我自己的。"这是伊莱恩创业之初对朋友们说的豪言壮语，当时他精神非常昂扬。

然而，仅过了半年，伊莱恩的公司便倒闭了，他又重新去为别人打工了，因为他认为自己开公司太累、太复杂，这根本不适合他的个性。

一个人在做员工时就平平庸庸，不能以老板的标准要求自己，做事马马虎虎，缺乏敬业精神。这种习气必会影响到他的今后，无论他从事何种行业，这种对待工作的态度不改，都注定永远平庸。

存在偷懒心理、不尽力工作的人，如果有一天开创了自己的事业，也会认为自己的员工也不会尽心尽力为自己工作。因此，他会不信任自己的员工而包揽所有的任务，把自己搞得精疲力竭，最终失败。

相反，当你开始从老板的角度思考问题，用老板的眼光看待工作时，你就会对自己的工作成绩、工作能力、工作方式以及工作态度提出更高的要求。这样一来，对个人职业素养的全面提高是非常有利的。

每一位员工都应该像伯克希尔公司或其他国际知名企业的员工学习，

都应该做到像老板一样，认真负责地对待公司中的每一件事，积极参与公司的一切事务，热爱工作，热爱企业。能够像老板一样为企业着想的人，工作能力能够得到更好的发挥，工作表现也会更出色。他们勤于思考，无论是什么工作都愿意投入全部精力，尽心尽力地做到最好，因此工作也会卓有成效。

一个有责任心的员工，除了要尽力为企业着想，还需要学习一些管理之道，勇于担当企业经营重担。

在当今的职场上，许多员工以其精湛的行业技术而著称，但很少有员工像经营者一样，深谙经营管理之道。因为大多数的员工都有这样一种认识，认为经营和管理的能力只要老板拥有就行了，因为那是他们的事；自己是员工，只要做好自己的本分工作就行了，自己不必去学怎样经营企业、管理员工，那不是自己的事。

殊不知，现代的企业不仅需要精通技术的员工，他们更需要既懂管理又有技术的综合型人才。巴菲特对霍华德谈起了微软Windows部门前高管吉姆·阿尔钦，“这个人既懂技术又懂管理，是微软公司最受盖茨欣赏的高管之一。”巴菲特说。

微软在择才时，始终秉持这样一些原则：

（1）聘请一位对技术和经营管理都有极深造诣的总裁。

（2）最看重有头脑的经理人员，一定要既懂技术又善于经营。

（3）对市场有深刻的认识，并能够灵活地组织和管理。

（4）聘用既懂专业知识又深通经营管理的员工。

这几条原则深得巴菲特欣赏。企业真正需要的员工，既要拥有精湛的专业技术，还要尽量学习了解公司运营的一些经济知识，同时也应了解员工管理和日常事务管理等一些管理学方面的知识：明白公司的业务模式以及导致本行业中企业赢利和亏损的原因；明白怎样操作才会增加赢利，怎样优化工作流程才能更好地管理员工和促进工作。如果你拥有技术又具备了经营管理能力，那么你将在职场上游刃有余；相反，如果你只有精湛的技术而毫无管理知识，就会失去许多难得的发展机会。

伯克希尔公司的一次人事调整让巴菲特印象深刻。

盖蒂和莉莎同是伯克希尔下属一家通信公司的研究人员，他们都拥有精湛的专业技术，研究出来的新产品曾多次为公司带来了抢占市场先机的机会，为公司创造了一个又一个销售高峰。因为他们卓越的业绩，巴菲特一直对二人青睐有加，并打算提拔其中一个出任公司的总经理。

盖蒂是企业的老员工，一直以高水平的技术著称，为企业创造了不少效益，曾多次得到巴菲特的夸奖。多年来他一直醉心于钻研技术创新，对其他的事情关心得甚少，也从来没想过要学习企业经营管理的事。莉莎是三年前大学毕业后才来到公司的技术员，由于爱学习、能虚心求教，技术水平也很高。不同的是，莉莎总觉得这个时代光凭技术还不能算是有足够的竞争力，于是她就寻思着学点其他的东西，以保障自己在与别人竞争时有足够的优势。后来，她利用闲暇时间开始学习企业管理的知识，还参加了相关的课程培训。

总经理辞职之后，巴菲特任命盖蒂做了总经理，毕竟盖蒂资格老，而且对公司的贡献很大。上任一段时间后，盖蒂就显得捉襟见肘了，因为毫无组织和管理能力，公司内部开始有人和他作对，结果导致产品的销量日渐下降。无奈之下，巴菲特只好把盖蒂撤下来，让莉莎出任总经理。莉莎不仅使公司的各项业务得到了恢复，而且一段时间之后公司的销售业绩也渐渐上来了。“莉莎的工资也增加了一倍，当然早远远超过她的前辈盖蒂了。”说到这里，巴菲特呵呵地笑起来。

作为一名员工，要想在公司有所发展，除了心系公司、有主人翁精神，还要学习经营管理的知识，拓展能力领域，不断更新自己的知识结构。只有拥有高水平工作技能，且懂经营善管理，才能在未来的竞争中凸显优势，获得发展。

作者手记

员工的老板心态对于一个企业来讲，是非常重要的。如果每一个人都有老板心态，都把公司内部的事当作自己的事来做的话，公司无形当中会产生强大的竞争力。老板心态对于每个员工来说十分重要。如果一个人能将自己定位为企业的主人，站在老板的角度思考问题，把公司的事当成自己的事，那么他必定会获取事业上的成功。

把企业和自己看成是利益相关体，把企业的成长当作一种责任，把自己的成长当作是一种追求，与老板一起为企业的发展而奋斗，与企业一同成长，实现共赢。这样的员工更容易获得成功，这样的员工也是企业最需要和最欢迎的人。

让自己成为沟通高手

"高声斥责不可能使你获得长久的成功。你要学会心平气和地与他人进行简单明了的交谈。"

巴菲特很重视沟通问题，他在接受访谈时说，良好的沟通能力至少能让财富增长一倍。在选拔公司高层时，他也尤其注重沟通协调能力。他认为，领导的艺术很大程度上在于沟通协调。融洽的关系是协同作战的前提条件。这种沟通不仅仅局限于公司内部，也包括与公司外部的各种顾客、供应商、政府部门、社团的沟通等。

沟通是传达、倾听、协调，是团队成员必须具备的素质。彼得在工作室建立之初，很为效率问题犯愁。他的几位伙伴艺术气息浓厚，要么特别腼腆，要么特别热情，虽然都是对工作很有激情的人，但是合作起来并不合拍。他与父亲共同探讨这个问题，得出了一个共同的结论：沟通。巴菲特感慨良多地说："我始终认为人的因素是一个企业成功的关键所在。根据我多年的工作经验，我发觉所有的问题归结到最后都是沟通问题。"一个团队要有效地运作，最主要的因素就是沟通。

沟通能力将成为未来世界竞争的主要武器之一。通过沟通，能让你获取良好的人际关系，使你的工作高效地进行。

那么在工作中，我们怎样做才能够成为一个沟通高手呢？

1. 谈论别人感兴趣的话题

一个高效能的人，应当具备出色的沟通能力，必须是一个“话题高手”，善于谈论他人感兴趣的话题。所以，如果我们想在沟通中更好地影响他人，就应当养成谈论他人感兴趣的话题这个好习惯。

2. 最好面对面沟通

面对面沟通是最亲切、最有效的交流方式。通过面对面的交流，你可以直接感受到对方的心理变化，在第一时间正确地了解对方的真实想法，从而达到快速有效的沟通目的。因此，要想成为一位优秀员工，就应该养成面对面与别人交流的习惯。

一般人在与人面对面沟通时，常常强调讲话内容，却忽视了声音和肢体语言的重要性。其实，沟通便是要努力和对方达成一致，也就是说，你的声音和肢体语言要让对方感觉到你所讲的和所想的是一致的，否则对方就无法收到正确的信息。

3. 提高沟通能力的四个步骤

（1）明确沟通对象。明确沟通对象的目的是清楚自己的沟通范围和对象，以便全面提高自己的沟通能力。

（2）改善沟通状况。明确沟通对象之后，可以问自己下面几个问题，从而了解自己该从哪些方面去改善。

对哪些情境的沟通感到愉快？

对哪些情境的沟通感到有心理压力？

最愿意与谁保持沟通？

最不喜欢与谁沟通？

是否经常与多数人保持愉快的沟通？

是否经常感到自己的意思没有说清楚？

是否经常误解别人，事后才发觉自己错了？

是否与朋友保持经常性联系？

是否经常懒得给人写信或打电话？

……

客观、认真地回答上述问题，有助于你了解自己在哪些情境中与哪些人的沟通状况较为理想，在哪些情境中与哪些人的沟通需要着力改善。

（3）优化沟通方式。在这一步中，我们可以通过下面几个问题看一看自己的沟通方式存在哪些需要改善的地方。

通常情况下，自己是主动与别人沟通还是被动沟通？

在与别人沟通时，自己的注意力是否集中？

在表达自己的意图时，信息是否充分？

主动沟通者与被动沟通者的沟通状况往往有明显差异。研究表明，主动沟通者更容易与别人建立并维持广泛的人际关系，更可能在人际交往中获得成功。

（4）制订沟通计划。总结以前的经验，制订一个循序渐进的沟通计划，然后付诸行动。比如，你可以规定自己每周与两个素不相识的人打招呼，具体如问路、说说天气等。

要注意的一点是，在执行计划时要对自己充满信心，相信自己能够成功。一个人能够做的，比他已经做的和相信自己能够做的要多得多。

作为一个沟通高手，除了要善于与同事沟通，还要注意与上司的沟通问题。试着与你的上司握握手，让他知道你在想什么，让他知道如何才能更好地管理好员工。上司并不是你的敌人，而是你的朋友。

有一个财会专业的女生到伯克希尔公司应聘财会工作，财务经理对她不太满意，但人力资源经理还是给了她一次机会，安排她从事客服工作。但是，这位女生的表现实在令人失望，她的性格过于内向，不喜欢沟通和交流，既不主动和同事打招呼，也不向前辈请教。很多时候，她不明白或者不清楚分配的任务也不会向上司发问，只是就按照自己的理解去做，结果总是与上司的要求相差甚远，最终连这唯一的机会也丧失了。

在人才辈出的现代组织中，信守“沉默是金”者，无异于慢性自杀，即使有正确的工作态度和工作效果，充其量也只能让你维持现状。要想有所提高，必须主动与上司沟通。

在做了一系列自己想做的事后，霍华德踏着父亲的脚印走入了金融界。初入金融界时，巴菲特教给霍华德一个最重要的秘诀，就是“千万要肯跟上司讲话”。

一般来说，我们与上司沟通需要遵循以下4个原则：

（1）要认清沟通双方的角色。上司在公司里总要体现自己的权威，因此在与上司沟通时，不论你谈论什么、做什么，都得尊重他的权威，这样沟通的大方向就不会错。

（2）要了解上司的风格。每个领导都有其独特的领导风格，了解上司的性格是进行有效沟通的一大助力。如果你刚接受新工作，可以多向同事了解上司的习惯和要求，搞清楚他的性格特点和处事作风。

如果你的上司很霸气，那么他可能也很固执。对于这样的人，要采取“迂回”战术，不要急于把你的观点说出来，而是通过各种例子或事实来说服他。固执的人都有自己的主见，如果采取暗示的方式，他会比较容易接受。

还有一些上司追求完美，做事情力求达到百分之百，不容许有任何的差错。与这样的上司沟通时，要把握好他的这种特点，万一某一目标难以达成，要及时改变沟通的目标。

当我们面对一些比较内向的上司时，会发现在跟他说话时，他好像没有什么反应。其实，这样的上司往往在心里已经有自己的想法，只是你察觉不到罢了。跟内向的上司沟通时，一定要注意观察他的言语、动作等微小细节，因为内向的人在细节上往往会把自己真实的想法表露出来，他嘴上说的，也许跟内心的真实想法并不一致。

（3）要以公司利益为先。与上司沟通时，沟通的立场也很重要。如果你说话的立场完全是站在公司这一方，本着为公司赢得利润的方式来跟上司交流，相信他不会持太大的反对意见。要是能给他带来利润，他肯定立即采纳你的意见。

（4）要主动报告自己的工作进度。每一个上司都十分关心自己下属的工作进程，因此，做下属的一定要主动、及时地报告自己的工作进度，让上司放心。有时小小的一点错误，发展到最后会变得很大，所以最好早早地向上司汇报你的工作进度，一旦有错误，他可以及时地帮助你纠正，避免犯下大错误。

与上司沟通时，不少人自己在心里设置障碍，变得顾虑重重。这与等级、权威等观念积淀成的弱势心理有关，也是压力作用的结果。消除顾虑，需在交际中积极锻炼，掌握交际技巧，增加自信心。同时，要提高认知水平，就某一个问题，尽量与上司在同一个水平线上进行沟通，并且不要放过在电梯间、饭桌旁等地方的短暂沟通机会。生活中最重要的宣传便是向别人宣传自己，和那些级别比你高的人进行有效沟通不仅是你工作中的重要部分，对你的职业生涯也很重要。

作者手记

在讲究协同作战的当今社会，沟通成为人与人之间的重要桥梁。沟通是职场人士必备的一项技能，而且是最基本的职业技能之一，能够做到有效沟通是一种职业化的表现。优秀员工和领导者最重要的工作之一，就是把每个人最好的想法拿出来，与其他人交流，把自己当作海绵，接受并改进每一个好点子。

第八章

信任和包容是对孪生兄弟

想要成功，先要学会信任

“信任是合作的基础，相互合作的人就像战场上同一沟壕的战友，你要相信你的‘战友’。”

一个人之所以会成功，是因为有他人的帮助。中国有句俗语：“一扇篱笆三根桩，一个好汉三个帮。”优秀的管理者和企业员工，必然是协调人际关系的高手。在工作中建立和谐的人际关系，将是你成为成功人物最重要的武器。

信任自己的合作者，是巴菲特成功的一大秘诀。无论是霍华德、苏茜还是彼得，在投入职场之前都收到过巴菲特的忠告：信任同伴，是走向成功的第一步。巴菲特能将事业做大，他的合作者们的辛苦付出必不可少。而这些人肯于为巴菲特倾尽全力，也与他用人不疑的管理之道密不可分。

巴菲特在给股东的一封信里写道：“1988年费切海默想要进行一项规模颇大的购并案，查理·芒格和我对他相当有信心，所以我们就马上同意了这项购并案，连相关协议都没看。很少有人能得到我们这样的信任，就连很多世界500强企业的领导者也不能。由于这项购并案会推动公司内部的成长，所以我预计费切海默的营业额会有很大增长。”

巴菲特认为，优秀的企业之所以能产生源源不断的自由现金流，与该企业拥有优秀的经理人密不可分。只有足够优秀的经理人，才能够为企业创造如此佳绩。

通常巴菲特在选择投资或者并购对象时，都会充分考察该企业的管理层是否优秀。在巴菲特看来，一个优秀的企业经理人非常重要。巴菲特非常希望他在购买企业的同时能够同时购买下企业优秀的管理层。有的时候如果管理层不愿意留下来继续工作，巴菲特甚至都会考虑放弃这个企业。巴菲特觉得，由原来的管理层来管理企业是再合适不过的事情了。在巴菲特的伯克希尔王国中，拥有很多优秀的企业经理人。巴菲特通常都不会过多干涉子公司的业务，会给予这些经理人充分的自主经营权。

20世纪70年代末，巴菲特大量买入政府雇员保险公司的股票。用巴菲特的话来说，他之所以购买该公司股票，主要就是看中以杰克·拜恩为首的公司管理层的能力。巴菲特觉得他们能够带领公司走出困境，实现业绩的稳定增长和自由现金流的持续充沛。事实上，要不是杰克·拜恩，政府雇员保险公司能不能走出困境都是个未知数。20世纪70年代初期，该公司管理层管理不善，保险理赔成本被错误低估，使得对外销售保单价格过低，公司做了很多赔钱的生意，差点让公司濒临破产，也使得公司股票价格越来越低。1976年杰克·拜恩开始掌管该公司。他临危不惧，马上采取一系列紧急补救措施，最终使得公司幸免于难。正是看到了杰克·拜恩的杰出表现，伯克希尔公司于1976年下半年开始大量买入政府雇员保险公司股票，然后持续增持，到1980年年末共投入4570万美元，取得该公司33.3%的股权。在接下来的15年中，伯克希尔公司一直持股不动。而由于政府雇员保险公司在此期间进行了股票回购，使得伯克希尔公司的持股份额达到了50%。1995年，巴菲特又以近乎天价的23亿美元买下另一半原来不属于伯克希尔公司的股份。

与杰克·拜恩这种十足的信赖合作关系在巴菲特的管理经历中很常见。关于信任，我们还有一个好例子——B太太。

B太太是巴菲特特别爱提及的一个经理人。B太太家族在1983年把内布拉斯加家具店80%的股权卖给伯克希尔时，B太太继续留下来担任负责人并经营地毯生意，其营销策略就是“价格便宜，实话实说”。1984年该店业绩达到1.3亿美元，是10年前的3倍，独霸了整个奥马哈地区。1994年，该店年销售额增至2.09亿美元。B太太从未上过学，但她创立了一个企业，并将企业经营得很出色。巴菲特不止一次说过，商学院的学生从B太太那里几个月能学到的东西比在商学院待几年学得还要多。

翻阅巴菲特1984年的信件，可以看到这样的字句：“很多人常常问我，B太太经营到底有什么诀窍。其实她的诀窍也没什么特别的，首先就是她和她的整个家族对事业怀抱的热忱与干劲，会让富兰克林看起来像辍学生；其次，踏踏实实去实施她所决定要做的事情；再者，能够抵御外部对公司竞争力没有帮助的诱惑；最后，拥有高尚的人格。我们对B太太家族的人格信任可从以下收购过程中反映出来：在没有找会计师查核、没有对存货进行盘点、没有核对应收账款或固定资产的情况下，我们就交给了她一张5500万美元的支票，而她给我们的只是一句口头承诺。”

通过这封信我们可以看到，巴菲特对B太太的“信任尺度”大得令人咋舌。

为什么巴菲特对他的合作者们会如此信任？这与他的管理观念有关。巴菲特认为，企业管理层对企业的影响非常重大。优秀的管理者可以把平庸的公司变成伟大的公司，而糟糕的管理者可以把伟大的公司变成平庸的公司。所以，他给予合作者足够的信任、足够的自由，以便让他们发挥最大能力。企业的管理层是否优秀，巴菲特通常从公司的业绩和管理层的品质这两个方面来衡量。

（1）公司的业绩。巴菲特认为，公司的业绩是衡量企业管理层是否优秀的重要指标。公司业绩的高低，能够在一定程度上反映出公司管理层的管理才能。一方面，优秀的公司管理层能够给股东创造更大的收益回报；另一方面，更大的收益回报又只有在优秀的公司管理层身上才能实现。

B太太和她的家族都是优秀的经理人。而这也体现在内布拉斯加家具店的经营业绩上。B太太在世时，每年她一个人在家具店销售的地毯，比奥马哈地区所有同行销售的地毯加起来还多很多。在金融危机严重的2008年，内布拉斯加家具店在奥马哈和堪萨斯城的店销售额不仅没有减少，反而还分别增加了6%和8%，两个店的销售额双双达到大约4亿美元。巴菲特在2008年年报里说，这些非凡的业绩主要归功于其优秀的经理人。

（2）管理层的品质。巴菲特认为，一个优秀的管理层，不仅要具有非凡的管理才能，更重要的是要有优秀的人格品质。

B太太就是一个具有优秀品质的人。她有一个高尚的人格，对朋友真诚以待，对事业充满激情，对生活满怀热忱。1984年5月是一个特殊的日子，这一天B太太获得了纽约大学的荣誉博士学位，而在此之前获得如此殊荣的有埃克森石油公司总裁、花旗银行总裁、IBM公司总裁等企业精英。也许你会以为B太太是名校商学院毕业的，其实不然。B太太从来没有真正上过学。所以从这一点上看，B太太一点也不逊于这些国际知名公司大总裁。而令巴菲特庆幸的是，B太太的儿子们也遗传到了她的优良品质。

显而易见，巴菲特认为，B太太这样的合作者不仅能力卓越，还道德高尚，值得他信任和托付重任。

职场中，我们无时无刻不在与人打交道。有了友人的帮助，你会减少很多阻碍；吸收他人的成功经验，你也会迈向成功。所以，与人建立和谐的合作关系，实在是一门紧要任务。要想取信于人，可尝试以下方法：

（1）让你的微笑成为招牌。在培养吸引人的个性时，千万别小看经常保持诚挚微笑的重要性。这种微笑的习惯，对你自己的影响也是很大的。当你生气时，试着保持微笑，这个简单的动作，可使人保持冷静，而且还能提醒你时时不忘保持积极的心态。

（2）有自信地表述自己的观点。受压抑的人说话声明显细小，表现得自信心不足。尽量提高你的音量，但不必对别人大声喊叫或使用愤怒的声调，只要有意识地使声音比平时稍大就行。

（3）向他人说出你的赞扬。受压抑的人既害怕表现坏的情感，也害怕表现好的情感。如果他表示爱情，就担心别人说他自作多情；如果表示友谊，又怕被当作阿谀奉承；如果称赞某人，又怕人家把这当作虚伪逢迎，或者怀疑他别有用心。正确的做法应当完全不必考虑这些否定的反馈信号，你不妨每天至少夸奖三个人。如果喜欢某人的行事风格、衣着打扮或举止言谈，你就让他知道。

想取信于人、保持和谐的人际关系，要从建立自我形象开始。你必须让自己充满自信、活力，使人乐于和你亲近。这一点，巴菲特可说是典范。认识他的人几乎都对他的风趣幽默、自信和活力留下深刻的印象。此外，你希望别人如何待你，你就必须先如何待人。好的人际关系，来自于用善待他人的方式赢得别人的信任和喜爱。卡耐基指出："如果你想采集蜂蜜，就别踢翻了蜂巢。只有不够聪明的人才会批评、指责和抱怨别人。"

作者手记

合作伙伴必须统一战线，齐心协力，这样才能打败共同的对手。轻易怀疑你的合作伙伴等于是自乱阵脚，会不战自溃。没有信任的团队，是无法形成强大的向心力和凝聚力的。在竞争中，他们总会被对手找到漏洞，然后被各个击破，落得失败的下场。

所谓兄弟齐心，其利断金。如今在商场闯荡，最聪明的做法就是相信伙伴，共同努力，不把精力消耗在互相猜疑上。其实，有很多很有前途的合作者最终没能一起走到成功的彼方，并不是因为他们的实力不如人，或者运气不佳，往往是因为他们在前进过程中互相猜忌、互相打击。这种失败，恐怕是我们最不想看到的最愚蠢的失败了。

真诚待人，不让猜疑毁坏美好的生活

“给予他人的真诚越多，得到的真诚就越多。”

每一个人都渴望得到称赞，我们不能吝啬我们的赞美。有人说赞美是全球畅通的通行证。我们要做的就是表达那来自内心的赞美之声。表示赞美的时候，我们既是付出者，也是受益者，在为别人带来美好心情时，也为自己创造着奇迹。

恰到好处的赞美具有“魔术般的力量”，是“创造奇迹的良方”。说一句简单的赞美话，实在不是一件很难的事情。只要你愿意并留心观察，处处都有值得你赞美的地方，适时说出来，会产生意想不到的效果。巴菲特在业界人缘极佳，这与他对其他人真诚的赞美不无关系。翻阅巴菲特多年来的信件，赞美的词句时不时会跃入眼帘。

譬如巴菲特在1990年致股东的信中这样写道：“很遗憾我必须在报告末段以我的好朋友科尔曼·默克勒（吉列公司CEO）在今年一月过世作为结尾，除了‘绅士’这个代表品格、勇气与谦和的字，没有其他字更能贴切形容科尔曼这个人。除了这些特质之外，再加上他所拥有的幽默与超凡的经营能力，所以大家应该可以想象与他共事是多么令人感到愉快的一件事，这也是为何包含我在内的许多人，会对他感到特别怀念的缘故。

“在科尔曼死之前几天，吉列受到富比士以封面故事大加赞扬，标题很简单，这家公司在刮胡刀产业的成功，不单单只靠行销手段（虽然他们一再展现这方面的能力），同时更源自于他们对于品质的追求，这种心理建设使得他们持续将精力摆在推出更新更好的产品之上，虽然现有的产品已是市场上最经典的。富比士对于吉列的形容，就好像是在描述科尔曼本人一样。”

这些对于科尔曼的真诚的赞美显然有些伤感，我们换一段轻松的来看：

“在前一天4月29日，星期六晚上，罗森布拉特体育馆将会有一场奥马哈皇家队对水牛城水牛队的比赛。水牛队的老板是我的好朋友——明迪跟鲍勃，我希望他们也能参加，若他们真的来了，我会引诱鲍勃与我在投手丘上来一场对决，鲍勃可以称得上是资本家的强森巨投，年轻、健壮且精力充沛，绝对是你在球季中不会想要遇到的对手，所以届时我希望大家都能到场给予我声援。”

——这段诙谐的话语出现在1994年巴菲特致股东的一封信里。

通过这些信件我们可以对巴菲特的交际艺术得观一二，也由此可以窥知其人脉优渥的秘密。从心理学上来说，人性中最强烈的欲望是成为举足轻重的人，人性中最根深蒂固的本性是想得到赞赏。人类最终最深切的渴望是成为一个重要人物，能获得别人发自于内心的赞美，这会令人心花怒放。赞美是人与人之间沟通的润滑剂，人人都希望获得认同，这样可以缩小彼此之间的差异，令彼此欣赏。

人一生中，除非碰上了什么重大问题，否则，至少有95%的时间都花在想自己的事情上。所以，我们要稍歇片刻，试着去想想别人的优点，多多真诚地赞美别人。只要给予他人由衷的认可和毫不吝惜的赞美，人们自会感怀在心，牢记着你的每一句话，甚至在你早就忘掉自己的赞美后，他们仍将视同珍宝般反复地在记忆中取出，慢慢地品味、咀嚼。

需要特别强调的是，赞美的基础是真诚而非浮夸。没有真诚的感情作基础，为赞美而赞美是达不到交心的目的的。巴菲特的赞美艺术让孩子们艳羡，小时候最为活泼聪慧的彼得还曾专门模仿过父亲的做法，不过效果并不理想。彼得向父亲抱怨，巴菲特笑着对小儿子解释：在赞美一个人以前，要真诚地关注这个人，在他身上找到闪光点。即是说，唯有以诚待人，才能够在人与人之间架起一座信任之桥，从而消除猜疑、戒备心理，彼此成为知心朋友。这样的赞美才有“含金量”，否则，多么华美的词句说出来也不过是“水过地皮湿”，实现不了打动人心的效果。

真诚，乃为人的根本。那些取得巨大成功的人都有许多共同的特点，其中之一就是为人真诚。道理其实很简单，因为如果你是一个真诚的人，人们就会了解你、相信你，不论在什么情况下，人们都知道你不会掩饰、不会推托，都知道你说的是实话，都乐于同你接近，因此你也就容易获得好人缘。

巴菲特与前妻苏珊，即是以诚待人的典范。

巴菲特与苏珊的关系，让人讶异。他们一生都在真诚相爱，却并没有一直生活在一起。

在巴菲特看来，苏珊具有深刻的理解力，而这正是他最需要的东西。巴菲特的童年家境富有、父母笃信宗教、家庭充满温情，但巴菲特的妈妈是个完美主义者，每当她完美的设想遭遇挫折，就会毫无征兆地爆发。为此，巴菲特经常成为受害者，被毫无理由地痛骂。即便在巴菲特有了儿子以后，他妈妈的这一性格也没有丝毫改变。一次，巴菲特的儿子打电话给自己的祖母，却遭到长达两个小时的数落。在祖母的言语中，孙子成了一个一无是处的废物。放下电话，巴菲特儿子的眼中充满泪水，巴菲特只是淡淡地说："你终于知道我以前每天过的是怎样的生活了。"

巴菲特童年的创伤在苏珊那里得到了抚慰，苏珊爱心漫溢的心灵对巴菲特来说是疗伤的圣药。巴菲特说，苏珊就像一个出色的医生，把自己心灵的荆棘一根根摘掉。还有一次他说，他一直是个孤独的人，直到遇到苏珊才有所改变。苏珊对巴菲特像对待一个大孩子，而巴菲特对苏珊也非常依赖。他让她付账，由她照顾孩子，除了生意，几乎任何事他都交给苏珊来打理。每当苏珊走进房间，巴菲特的脸就会一下子明亮下来。苏珊用手指梳理他的头发，为他整理衬衫和领带，坐在他的腿上，紧紧地抱着他。这时候，巴菲特是最安全最幸福的，远离了严厉的母亲，也远离了生意场上的争斗，他的眼中只有苏珊一个人。

由此我们可以知道，为什么当苏珊决定离开巴菲特追求自己的生活的时候，他们依然能保持如此温情的关系；为什么当苏珊离世后，巴菲特会不住地哭泣，甚至需要安眠药才能入睡。

如果他们的关系不是建立在真诚的基础上，没有深厚的感情作为后盾，我们简直难以想象当一个女人决定离开她的丈夫时会引发多么大的震动！

真诚如此可贵，我们却很少能沐及它的芳泽。之所以这样，是因为我们大多数时候都被真诚的对立面——猜疑所困扰。

猜疑似一条无形的绳索，会捆绑我们的思路，使我们远离朋友。如果猜疑心过重的话，那么就会让我们因为一些可能根本没有或不会发生的事而忧愁烦恼、郁郁寡欢。猜疑者常常嫉妒心重，比较狭隘，因而不能很好地与身边的人交流，其结果是很难结交到朋友，变得孤独寂寞，对身心健康也有危害。

猜疑是建立在猜测基础之上的，这种猜测往往缺乏事实根据，只是根据自己的主观臆断毫无逻辑地去推测、怀疑别人的言行。猜疑的人往往对别人的一言一行都很敏感，喜欢分析深藏的动机和目的，看到别的人悄悄议论就疑心在说自己的坏话，见别人工作过于努力就疑心他有不良企图。好猜疑的人最终会陷入作茧自缚、自寻烦恼的困境中，结果导致自己的人际关系紧张，失去他人的信任，挫伤他人和自己的感情，对心理健康是极大的危害。为此，巴菲特曾说："猜疑之心是迷惑人的，又是乱人心智的，它能使你陷入迷惘，混淆敌友，从而破坏你的事业。"

猜疑使我们产生犹疑，不能果断地处理问题，错失许多良机；猜疑会产生许多痛苦的细胞，使我们长夜难眠。因此我们有必要及时矫正自己的猜疑心理：

（1）自信和他信。相信自己，相信他人。在自己的心理天平上增加"自信"和"他信"这两块砝码。首先是"自信"。"自疑不信人，自信不疑人。"猜疑心理大多源于缺少自信。其次是"他信"，即相信别人，不要对别人抱以偏见或者是成见。当你怀疑别人的时候，一定要想想如果别人也这样怀疑你，你会是什么样的感受。这样去将心比心，换位思考，就能真正去信任别人了。

俗话说："耳听为虚，眼见为实。"不能听到别人说什么就产生怀疑，不要听信小人的谗言，不能轻信他人的挑拨，要以眼见的事实为依据。况且，有时眼见的都未必是实。因此，一定要注重调查研究，一切结论应产生于调查的结果，否则就会被成见和偏见蒙住眼睛，使自己钻进主观臆想的死胡同出不来。

（2）坚持"责己严，待人宽"的原则。猜疑心重的人，大多对自己的要求不严、不高，对别人的要求却很苛刻，总是要求别人做到什么程度，没有想一想自己会不会做到。因此克服疑心必须从严格要求自己做起，对别人过高的要求，别人达不到，就认为人家存在问题，必然会妨碍你对别人的信任。所以，要坚持宽以待人、严于律己的原则，这也是克服猜疑心的一条重要方法。

（3）采取积极的暗示。平时，不要总想着自己，想着别人都盯着自己。要对自己说，并没有人特别注意我，就像我不议论别人一样，别人也不会轻易议论我。只要自己行得正，站得直，又何必怕别人议论呢？有时不妨采用自我安慰的"精神胜利法"——别人说了我又能如何呢？只要我自己认为或者感觉绝大多数人认为我是对的，我的行为是对的就可以了。这样，疑心自然就会越来越小了。

（4）抛开陈腐偏见。记得一位哲人说过："偏见可以定义为缺乏正当充足的理由，而把别人想得很坏。"一个人对他人的偏见越多，就越容易产生猜疑心理。我们应抛开陈腐偏见，不要过于相信自己直观印象，不要以自己头脑里固有的标准去衡量他人、推断他人。要善于用自己的眼睛去看，用自己的耳朵去听，用自己的头脑去思考。必要时，我们应调换位置，站在别人的立场上多想想。这样，我们就能舍弃“小人”而做君子。

（5）开诚布公。猜疑往往是彼此缺乏交流，人为设置心理障碍的结果，也可能是由于误会或有人搬弄是非造成的。因此一旦出现猜疑，与其自己去想，不如开诚布公地和对方当面谈一谈，这样才能消除疑云，彻底解决问题。

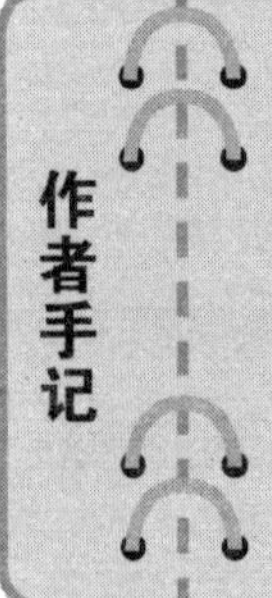

疑心重重，戴着有色眼镜看人，甚至毫无根据地猜疑他人的人，在猜疑心的作用下，会把被猜疑的人的一言一行都罩上可疑的色彩，即所谓“疑心生暗鬼”。有些人疑心病较重，乃至形成惯性思维，导致心理变态。一个人如果心胸过于狭窄，对同事、朋友乃至家人无端猜疑，不但会影响工作、影响人际关系、影响家庭和睦，还会影响自己的心理健康。

站在对方的立场上看问题

“我们没有必要把自己的想法强加给别人，但是却必须学会从他人的角度思考问题。”

“站在对方的立场上看问题”就是我们通常所说的“换位思考”，它是建立良好人际关系的一个重要原则，因为如果我们不了解对方的立场、感受及想法，我们便无法正确地思考与回应。“换位思考”需要一点好奇心，但是不幸的是，许多人都缺少了这一点。他们或是站在自己的位置上去“猜想”别人的想法及感受，或是站在“一般人”的立场上去想别人“应该”有什么样的想法和感受。

听一听，这个说法是不是很熟悉：“我的经理就是偏心，因此，我对他很有意见。”有时候当事情的后果不如我们所想象或期待的那样好时，我们也多半会觉得委屈，发出“好心没好报”的感叹。那么，是别人真的不明白我们吗？仔细地分析，我们会发现，这种换位思考并不是真的换位思考，而是以个人本位来理解别人，并非真正地站在对方的立场上为他着想，因为你忽略了“对方”真正的想法及感受。

想要培养高情商就必须学会换位思考。换位的通俗说法就是将心比心，也就是设身处地地为他人着想。站在对方角度上看问题是巴菲特惯常的原则，为此，朋友们都赞扬他善解人意。即使当前妻苏珊决定离开他、开创自己的演唱事业时，巴菲特依然没有丧失冷静，他真正做到了站在苏珊的角度思考这个问题，对苏珊的选择表示了理解与尊重。他的这一风格被几个孩子争相模仿。

幼子彼得认为，从父亲那里学到的换位思考思想对他影响很大。其实，换位思考远非只能限定在人与人相处的狭小圈子内，它更多的是一种人生理念，在不同的领域引入这种理念，都能对自我产生积极的影响。

彼得能成为知名的广告配乐人，就是用一种换位思考的策略成就了他的事业。他的广告配乐工作早期起步时期，并不顺利。委托方认为他的音乐虽然技巧娴熟并且灵性十足，但是与市场行情并不完全契合。于是，彼得在接到一个广告音乐的编辑工作后，不再如以前一样闷在工作室里冥思苦想，而是常常混杂在市区熙熙攘攘的人群中，或者漫步在阶石旁，或者驻足休息在旅店、商场的大厅里，敏锐地静听人们的谈话，了解观众的心理和嗜好，并以此确定他的配乐形式。

大凡成功的人，都是这样运用不同的方法去观察、研究他所要影响的一些人，然后反过来按照他们的心理需求去满足他们。

每个人天生都会有一定程度的体察他人情感的敏感性。一个人如果没有这种敏感性，就会产生情感失聪。这种失聪会使他在社交场合不能与其他人和谐相处，或是误解别人的情绪，或是说话不考虑时间场合，或是对别人的感受无动于衷。所有这些，都将破坏其人际关系。

换位思考不仅对保持人与人之间的和睦关系非常重要，而且对任何与人打交道的工作来说，都是至关重要的。无论是搞销售，还是从事心理咨询，或给人治病，以及在各行各业中从事领导工作，体察别人的内心，常进行换位思考，都是取得优秀业绩的关键因素。

有趣的是，巴菲特与彼得这对父子在一起讨论换位思考这个主题时，一致认为好奇心是“站在对方的立场上思考问题”的重要元素。只有好奇心才能使我们真正体会对方的心情；有一点好奇心，才会使我们谦虚地弯下腰，看看他人的内心世界到底是什么样的。好奇心使我们暂时放下自己的主观来理解别人，理解了之后才能真正地开始“换位”，换了位之后，才能开始比较正确的思考，这也是建立良好人际关系的第一步。

当我们和别人商谈什么事情时，我们习惯将自己的想法和意见强加给别人，而没有站在对方的立场仔细想想，这种说话方式其实是有碍沟通的。在与他人沟通时，只有站在对方立场上，才能让别人听着顺耳，觉得舒服。站在对方立场上，设身处地地想，设身处地地说。如此，不仅能使他人快乐，也能使自己快乐。当站在对方的立场考虑问题，你会发现，你跟他有了共同语言，他所思所想、所喜所恶，都变得可以理解甚至显得可爱。在各种交往中，你都可以从容应对，要么伸出理解的援手，要么防范对方的恶招。许多人不懂得如何站在对方立场上思考和说话，这是导致很多事情做不成功的一大原因。

站在他人的立场上说话，能给他人一种为他着想的感觉，这种投其所好的技巧常常具有极强的说服力。要做到这一点，“知己知彼”十分重要，唯先知彼，而后方能从对方立场上考虑问题。成功的人际交往，有赖于发现对方的真实需要，并且在实现自我目标的同时给对方指出一条可行的路径。

伯克希尔公司下属某精密机械工厂生产一种新产品，将其部分部件委托另外一家小型工厂制造。当该小型工厂将零件的半成品呈示总厂时，不料全不符合该要求。由于迫在眉睫，总厂负责人只得令其尽快重新制造，但小厂负责人认为他是完全按总厂的规格制造的，不想再重新制造，双方僵持了许久。

总厂厂长也是一位换位思考的高手。见到这种局面，他在问明原委后，对小厂负责人说：“我想这件事完全是由于公司方面设计不周所致，而且还令你吃了亏，实在抱歉。今天幸好是由于你们帮忙，才让我们发现竟然有这样的缺点。只是事到如今，事情总是要完成的，你们不妨将它制造得更完美一点，这样对你我双方都是有好处的。”那位小厂负责人听完，欣然应允。

也许你会质疑：“站在对方的立场上说来容易，实际要做的时候却很难。”没错，站在对方立场来说话确实不容易，却不是不可能。一个擅长沟通的人善于努力地从他人的角度来设想，并且乐此不疲。然而，他们也并非一开始就能做得很好，而是从一次次的说服过程中吸收经验、汲取教训，渐渐使自己养成这种习惯，最后才达到这样的境界。因此，只要你愿意，这并不是件太大的难事。

了解巴菲特的商场经历的人都知道，他是一位谈判高手。之所以能在高手如云的谈判桌上端坐，并不是因为他的口才有多么卓越，主要是因为他拥有换位思考的意识。谈判可以说是一场顽强的性格之战。因为我们要接触的谈判中的对手千差万别，无论经验如何丰富，要做到万无一失也很难。因此，对于各种不同的谈判对象，巴菲特会积极进行换位思考，视其性格的不同而加以调整，采取不同的策略：

（1）霸道的对手。巴菲特认为，由于具有自身的优势，这种人常常十分注意保护其在对外经济贸易以及所有事情上的垄断权，使得在拨款、谈判议程和目标上受许多规定性的限制。与这种人打交道，一般应做到：准备工作要面面俱到；要随时准备改变交易形式；要花大量讨价还价的精力，才能压低其价格；最终达成的协议要写得十分详细。

这种人的性格使得他们能直接向对方表示出真挚、热烈的情绪。他们十分自信地步入谈判大厅，不断地发表见解。他们总是兴致勃勃地开始谈判，乐于以这种态度取得经济利益。在磋商阶段，他们能迅速把谈判引向实质阶段。他们十分赞赏那些精于讨价还价、为取得经济利益而施展手法的人。因为，他们自己就很精于使用策略去谋得利益。同时，他们希望别人也具有这种才能。他们对“一揽子”交易怀有十足的兴趣。作为卖者，他希望买者按照他的要求做“一揽子”说明。所谓“一揽子”不仅包括产品本身，而且要介绍销售该产品的一系列办法。

（2）死板的对手。这种人谈判特点是准备工作做得完美无缺。他们直截了当地表明他们希望做成的交易、准确地确定交易的形式、详细规定谈判中的议题，然后准备一份涉及所有议题的报价表，陈述和报价都非常明确和坚定。死板人不太热衷于采取让步的方式，从而使讨价还价的余地大大缩小。巴菲特总结出，与这种人打交道的最好办法，应该在其报价之前即进行摸底，阐明自己的立场；应尽量提出对方没想到的细节。

（3）好面子的谈判对手。这种人顾面子，希望对方把他看作是大权在握、起关键作用的人物。他喜欢对方的夸奖和赞扬——这正是巴菲特所擅长的。彼得某次接受采访时回忆，父亲说过，遇到此类谈判对手，如果送个礼物给他，“即使是一个不太高级的礼物，往往也能取得良好的效果”。说到这里，彼得模仿父亲的样子顽皮地对记者眨眨眼睛。

（4）热情的对手。这类人的特点是，在业务上有些松松垮垮，他们的谈判准备往往既不充分又不过于细致。这些人较和善、友好、好交际、容易相处，具有灵活性，对建设性意见反应积极。巴菲特认为，与这类谈判对手打交道要多提建议性意见，并友好地表示意图，必要时做出一定的让步。

（5）犹豫的对手。在这种人看来，信誉第一重要，他们特别重视开端，往往会在交际上花很长时间，其间也穿插一些摸底。经过长时间的、广泛的、友好的会谈，增进了彼此的敬意，也许会出现双方共同接受的成交可能。巴菲特在某次公司培训会时专门向员工强调，与这种人做生意，首先要防止对方拖延时间和打断谈判，其次必须把重点放在制造谈判气氛和摸底阶段的工作上。一旦获得了对方的信任，就可以大大缩短报价和磋商阶段的时间，尽快达成协议。

（6）冷静的对手。他们在谈判的寒暄阶段，表现沉默。他们从不激动，讲话慢条斯理。他们在开场陈述时十分坦率，愿意使对方清楚有关他们的立场。他们擅长提建设性意见，作出积极的决策。“在与这种人谈判时，应该对他们坦诚相待，采取灵活和积极的态度。”巴菲特这样总结道。

换位思考在人与人之间的沟通和交往上占有非常重要的地位，因为不了解对方的立场、感受及想法，我们就无法正确地思考与回应，沟通便被阻断。简而言之，无论与哪种人打交道，只要做到了换位思考，把握住对方的心理和需求，就能做到顺畅沟通。

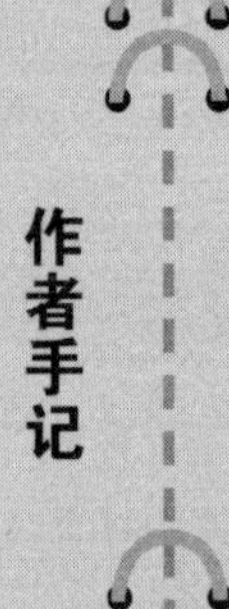

懂得换位思考，是人与人沟通的前提。很多时候，我们认为某个人行事让别人“无法理解”、做事让人觉得“不可理喻”，这很可能只是我们单方面的看法。如果我们设身处地地站在对方角度上思考，会发现他们“怪异的想法”很可能只是一种理所当然的想法！

一个人最大的痛苦之一就是没人理解，如果我们能习惯于站在对方的立场上说话，于人于己都是一种莫大的幸福。而我们要想把事情办好，换位思考，更是必不可少。

不要揪住别人的错误不放

“对于所受的伤害，宽容比复仇更高尚。因为宽容所产生的心理震动，比责备所产生的心理震动要强大得多。”

彼得十几岁时，在一个礼拜天为一件小事和邻居的小孩查理争吵起来，争论得面红耳赤，谁也不让谁。最后，彼得只好气呼呼地去找父亲，因为在年幼的彼得心目当中，父亲是最有智慧、最公道的人，他肯定能断定谁是谁非。

“您来帮我们评评理吧，查理简直不可理喻！他竟然……”彼得怒气冲冲，一见到巴菲特就开始了他的抱怨和指责。但当他正要大肆讲述查理的不是时，却被巴菲特打断了。巴菲特说：“对不起，亲爱的，正巧我现在有事，你过一会儿再说吧。”

过了一刻钟，彼得又愤愤不平地来了，不过，显然没有刚才那么生气了。“您一定要帮评评理，那家伙简直是……”他又开始数落起查理的恶劣。巴菲特不紧不慢地说：“你的怒气还没有消退，等你心平气和后再说吧。正好我刚才的事情还没有办完。”

接下来的几个小时，彼得没有再来找巴菲特。晚饭的时候，巴菲特在餐桌旁见到了儿子，他正耐心地把盘子里的牛排切成小块，心情显然平静了许多。巴菲特问道：“现在你还需要我来评理吗？”说完，微笑着看着彼得。彼得羞愧地笑了笑，说：“不需要了。现在想来那也不是什么大事，不值得生那么大的气。”

巴菲特仍然心平气和地说：“这就对了，我不急于和你说这件事情，就是想给你思考的时间，让你消消气啊！记住，任何时候都不要在气头上说话或行动。”

巴菲特告诉彼得：遇事发怒是最不明智的一种选择。正如莎士比亚所说：不要因为你的敌人燃起一把火，你就把自己烧死。发怒烧到的只有你自己。留心四周，我们随时可以找到正在生气发怒的人们。我们每个人都避免不了生气动怒。商店里，也许顾客正在和营业员吵架；出租车上，司机也许正因交通堵塞而满脸怒色；公共汽车上，也许两人正在为抢占座位而大打出手……种种情形，举不胜举。那么你呢，是否动辄勃然大怒？是否让发怒已成为你生活中的一部分？但是你是否知道：这种情绪根本无济于事？也许，你会为自己的暴躁脾气大加辩护，“人嘛，总有生气发火的时候”、“我要不把肚子里的火发出来，非得憋死不可”。在这些借口之下，你不时地跟自己生气，也冲着他人发火，你似乎成了一个只会生气、发火的人。

美国生理学家爱尔马设计了一个很简单的实验：把一支玻璃试管插在装有冰水混合物的容器里，然后收集人们在不同情绪状态下的“气水”。研究发现：当一个人心平气和时，他呼吸时水是澄清透明无杂的；悲痛时水中有白色沉淀；悔恨时有蛋白质沉淀；生气时有紫色沉淀。爱尔马把人在生气时呼出的“生气水”注射到大白鼠身上，12分钟后，大白鼠竟死了。由此爱尔马分析认为：“人生气时的生理反应十分强烈，分泌物比任何情绪分泌的都复杂，都更具有毒性。因此生气的人很难获得健康，更难长寿。”

在震惊于实验结果的同时，我们更要清楚，我们每一个人面对生活中的各种困惑、烦扰，都应该学会宽容、学会理解、学会忍让、避免生气，牢记“气大伤身”，只要善于用宁静的、博爱的心态对待世间事，烦恼自会远离。哲人说：生气，就是拿别人的错误来惩罚自己。不错，何必为别人背沉重的包袱，何必为别人犯下的错误承担责任。其实，人只要肯换个想法，转移一下视角，就能让自己有新的心境。

在巴菲特家孩子的印象中，父亲的脸上总是挂着笑容。他时常会对孩子们讲“生气是一种毒药”！巴菲特告诉孩子们，不能让自己的情绪只停留在问题的表面，必须学会少点怨恨，多点宽容，让负面情绪远离自己。

宽容是一种非凡的气度、宽广的胸怀，是对人对事的包容和接纳。一个人学会了宽容，他就多了一份高贵的品质、崇高的境界，他的精神就变得成熟，心灵就变得丰盈。宽容是一种仁爱的光芒、无上的福分，是对别人的释怀，也是对自己的善待。

宽容是人生存的智慧、生活的艺术，是看懂了社会人生以后所获得的那份从容、自信和超然。学会了宽容，能使自己保持一种恬淡、安静的心态，去做自己应该做的事情。而那些整日为一些闲言碎语、磕磕碰碰的事情郁闷、恼火、生气，总去找人诉说，与对方辩解，甚至总想变本加厉地去报复的人，他们将会贻误自己的事业，失去更多美好的东西。所以，要成为一个生活的强者，就应豁达大度，笑对人生。有时一个微笑、一句幽默，也许就能化解人与人之间的怨恨和矛盾，填平感情的沟壑。

学会宽容是一个人成熟的标志。宽容的人常常表现出勇于承担责任的作风。如果肯检讨一下自己，就可以从失败和差错中找到自己所应负的责任。当一个人心平气和的时候，才可能保持清醒的头脑，找出失败的原因，采取克服差错的有效措施，以便更好地开展工作。宽容的人可以做到这点。

生活中总有一些人，得理不让人，就算无理也要争三分，总怕自己会吃亏；与之相反，巴菲特认为，真理在握也要让人三分，这样才能显出君子风度。由此我们可以理解，为什么前者往往是生活中的不安定因素，而巴菲特却能形成一种天然的向心力。

有理没理，饶人不饶人，一般都是在是非场上、论辩之中。假如是重大的或重要的是非问题，自然应该不失原则地论个青红皂白，甚至为追求真理而献身也值得。但日常生活中，也包括工作中，往往有人会因为一些非原则问题、皮毛问题争得不亦乐乎，谁也不肯甘拜下风，说着论着就较起劲来，以至于非得决一雌雄才算罢休，结果严重到大打出手，或者闹个不欢而散、鸡飞狗跳的结局而影响了和谐，而越是这样的人还越对甘拜下风的人瞧不顺眼。争强好胜者未必掌握真理，而谦下的人原本就把出人头地看得很淡，更不消说一点小是小非的争论了。越是你有理，越表现得谦下，往往越能显示出一个人的胸襟坦荡、修养深厚。

实际上在生活中，每个人都会有难堪的时候、做错事的时候、有求于人的时候，如果这时你处在评判的一方，尤其是他们的那些错处或什么事情牵涉到你的利益时，甚或他们与你有深仇大恨时，你会怎样做呢？不同的人可能有不同的做法。一般来说，愚昧的人或心胸狭窄的人爱为难别人，他们不愿意帮助人，不为人遮掩难堪，不包容或原谅人。他们甚至会乘人之危，或鸡蛋里头挑骨头，或抓住把柄不放，且扬扬自得。这种不端行为正是他们愚昧阴暗心理的下意识表露。至于对待和他们有深仇大恨的人，他们就更不可能息事宁人了。但是在生活中，你也会经常处在难堪、有错、有求于人的位置上，比如，你不巧弄脏了别人的衣裤，违反了交通规则，为讲义气与别人结了仇，等等。在这种情况下，你极需要他人的包容。

将心比心、同情他人、宽容他人、不为难他人是一种美德。这种美德能够感化人，巩固人们之间的互助亲善关系，让社会形成一种宽厚的向善风气，小人就可能不会产生，阴暗的东西就会更少一些，自己有了不幸的时候，也更容易得到他人的帮助。不要抓住他人的错误或缺点不放，要学会得饶人处且饶人。这样不仅可以减少矛盾，也会提升自己谦卑善良的品质。这种与人为善的品德，正是人类生存所需要的美德。

要有气量，宽容他人，就必须做到互谅、互让、互敬、互爱。

互谅就是彼此谅解，不计较个人得失。人都是有感情和尊严的，既需要他人的体谅，也有义务体谅他人。互让，就是彼此谦让，不计较得失。心底无私天地宽，要淡泊名利，摒弃私心杂念，做到以整体利益为重，把好处让给别人，把困难留给自己，相互之间的矛盾就容易化解。争名于朝，争利于市，一事当前先替自己打算，对个人得失斤斤计较，是难以与他人和睦相处的。互敬，就是彼此尊重，不计较谁高谁低。尊重别人是一种美德，“敬人者，人恒敬之”，尊重别人，自然会获得别人的好感和尊重。如果无视他人的存在，不尊重他人的人格，就不会有知心朋友。互爱，就是彼此关心，不计较相互间的差异。爱能包容大千世界，使千差万别、迥然不同的人和谐地融为一个整体；爱能融化隔膜的坚冰、抹去尊卑的界线，使人们变得亲密无间；爱能化解矛盾芥蒂，消除猜疑、嫉妒和憎恨，使人间变得更加美好。是否拥有气量，关键看三点：一是平等的待人态度，不自认为高人一等，保持一颗平常心，平视他人，尊重他人；二是宽阔的胸襟，胸怀坦荡，虚怀若谷，闻过则喜，有错就改；三是宽容的美德，能够仁厚待人，容人之过。由此可见，气量实际上反映了一个人的素养和品性。巴菲特在金融业纵横多年，一方面是因其投资手段高明；另一方面是因为他的气量赢得了大家的尊重，大家都愿意与他合作，共同壮大发展。

人们时刻都要管理好自己的情绪，尤其在人生的一些关键时刻。在每次要发脾气前，先冷静问问自己：别人不会为我的坏脾气“埋单”，我自己可以吗？如果你自己也不想这么做，那么还是收起你的怒气吧。

宽容是一种气度，更是一种智慧。斤斤计较、回回戳中别人的痛处，图一时痛快，却在无意中埋下被人怨恨的种子。其实，大家都是成年人，自己犯了错误，未必全无察觉。与其戳穿真相让人尴尬，不如宽容以对，一笑置之。相信这样做，你自己不仅少动肝火，还会让那犯错的人对你心生敬意。

第九章

只有弱者才会寻找借口

很多时候，解释就是掩饰

“大家都想要结果，没人想听解释。”

企业中每个人都有自己的责任，只有更好地承担责任，才能获得良好的发展。有些人之所以在工作中出现问题，就是因为不清楚自己的责任造成的，他们把本该属于自己的责任看成与自己无关，所以没有尽心尽力地去做。相反的，他们会把这份责任当成一种负担，找出各种各样的借口去搪塞。你可能觉得自己的借口编造得很完美，殊不知在绝大多数情况下，对管理者来讲，解释就是掩饰。他们并不想听你的借口，他们只想看到结果本身。

苏西决定提前结束学业，走进职场。她是个略有些性急、对自己要求严格的女孩。她请教父亲：如何才能成为一名优秀的员工，尽量快速地实现自己的职业目标？巴菲特告诉女儿：很简单，认清责任，别找借口。

学会认清责任，是为了更好地承担责任。首先要知道自己应该做什么，然后才知道自己该如何去做，再去想怎样做才能够做得更好。明确个人的责任，可以减少对责任的推诿。只有在责任界限模糊的时候，人们才容易找到各种借口，互相推脱责任。

当我们认清自己的责任，知道哪些是自己分内必须做好的，哪些是在做好分内工作的基础上才可以做的，才不会顾此失彼，主次不分，而是把决定要做的事情做好。不找借口，做好该做的事情，是一种崇高的责任，也是优秀员工必须具备的品质。当你明确了自己的责任后，你才会统筹安排，拿出最佳的方案，使效率与质量并重，把工作做得趋于完美、无可挑剔。

明白自己的责任，是为了更好地承担责任。无论我们身在何处，都有一份责任，社会、国家、企业、家庭正是因为有了一个又一个成员承担起自己的责任，才得以稳定，才具有让每一个人受益的良好秩序。很多时候，当事人竞相找借口推卸责任，是责任不清造成的。在执行任务之前，有的人确实没搞清自己该承担什么样的责任，只是盲从或者被动地执行。当让他承担责任时他一下接受不了，推卸责任便成为其一种出于本能的自我保护。有的人是故意模糊责任，甚至混淆责任，为自己推卸责任制造借口。

其实，解决这个问题很简单，只要明确了参与执行人员的责任，让他们清晰地认识到哪些责任是不可推卸的，他们就无法找到推卸责任的借口了。

一是要弄清楚自己该承担的责任，而不要寻找为自己开脱的借口。

二是明白自己该负有哪些责任，你才可能承担起属于你的责任。

三是明白自己的责任是什么，不要首先想到别人的责任，更不要把责任推到别人身上。

四是明白自己的责任是最基本的职业要求。一个连自己的责任都不清楚的人，不可能承担起更多更重要的责任。

五是弄清楚自己的责任，你才知道自己能不能承担起这份责任。如果不能，就要尽早提出来，以免因为自己能力不足给单位或团队造成巨大损失。

只有认清自己的责任，才能知道该如何承担自己的责任，正所谓“责任明确，利害相关”。

在一家企业里，每个人都有自己的责任。但要区分责任和责任感是不一样的概念。责任是对任务的一种负责和承担，而责任感则是指一个人对待任务的态度。一个员工不可能去为整个公司的生存承担责任，但你不能说他缺乏责任感。

责任具有非常的魔力：只要拥有责任心，黄土也能变黄金。如果全体社会成员都竭尽全力尽好自己的责任，不解释，不掩饰，无数个责任心的凝聚将形成一种无坚不摧的伟大力量。成功者和失败者的最大区别并不在于他们各自做了多少工作，而是在于他们是否在工作中承担了责任，是否挖掘出自身的能量为实现人生目标而服务。

责任首先是员工的一份工作宣言，在这份工作宣言里，首先表明的是工作态度。对工作负责的人惜时如命，热爱工作。巴菲特曾一语道出他成功的秘诀：“工作是生活的全部核心。”没人听到过他为他的工作抱怨过什么，即使失败了，他也会兴高采烈地投入下一次挑战当中。他曾说过：“每天早上去办公室，我感觉我正要去教堂，去画壁画！”在这种心态下，他又何须为他工作上的错误或失败绞尽脑汁编造借口？我们常常喜欢从外部环境中为自己寻找理由开脱，不是抱怨职位、待遇、工作中的环境，就是抱怨同事、上司或老板。很少有人从自身出发去分析一下情况，挖掘自己的责任感，让自己集中精神投入到自己的工作之中。如果每个人在工作中都尝试如巴菲特一般以更加负责的态度去应对工作，我们所得到的将远远比现在的要多。

许多人没有将责任感投入到自己的工作中，只是被动地应付工作，为了工作而工作。所以他们会在工作之中得过且过地混日子，并找出一大堆借口为自己毫无激情的工作做掩饰。其实无论从事何种工作，只要拥有责任心，在自己的岗位上总能获得不平凡的成绩。

在很多人看来，要成就一番事业，应该有高起点、高平台，如果岗位一般、环境不佳，那就很难有什么大成就。其实，平凡的岗位上一样可以取得卓著的成绩，平凡的事物中也可以孕育出不凡的作为。工作中的高低之分，并不在于工作本身，也不在于起点，而是在于每个人是否对自己的工作怀有责任感。如果你摒除掉找借口的心思，做每一件工作都怀有责任心，将工作作为自己的事业来做，你一定会从那些花费大部分时间只关心休息、福利、薪水和下班时间的人中脱颖而出。最终，你将成为一个富有者，无论是在精神上还是在物质上。

然而有人讲，不是我想找借口，是因为总有一些重大事件突然发生，让我措手不及。如果重大的责任降临到你的身上，请开心地接受吧，它是你走向成功的绝好机会。一般来说，一个人的才能来源于他的天赋，而天赋又不大容易改变。但实际上，大多数人的才能是潜伏着的，必须要外界的东西予以激发。有苦心编造借口的工夫，完全可以全心全意投入事件的处理中去。

一般来讲，危机和机会是成正比的，危机越大，机会越多。谁承担了最大的危机，谁就拥有最多的机会。拥抱危机，就是把握机会；靠近危机，才能赢得机会；承担危机，才能迈向成功。在危机中尽到责任，最终将会让你脱颖而出。

伯克希尔公司曾有三个同类分公司，一分公司历来管理基础较好，但规模较其他两个分公司小一些。一分公司的经理叫莫顿，正是在他的一手经营下，一分公司才有了良好的业绩。后来，巴菲特决定调莫顿到三分公司当经理。

三分公司是公司规模最大、设备最先进、管理却最混乱的一个分公司。之前已经有好几个经理被分配那里，却都无功而返。因此，在得知调动消息时，莫顿很矛盾：不去吧，董事长可能不高兴；去吧，一旦搞砸了，想再回一分公司都不行了；而且，由于多年管理一分公司，一切工作运作程序早就规范化了，管理起来很轻松。

思量再三，莫顿还是答应调往三分公司，因为他意识到搞好三分公司这一重要责任的后面，隐藏着巨大的机会：如果搞好了，就可以进一步证明他的能力，就可以从所有分公司经理中脱颖而出。

半年多的时间过去了，原来最混乱、生产能力最低的三分公司，一跃成为整个伯克希尔公司的生产管理标杆区，各项指标均占据首位。为此，巴菲特决定付给莫顿比之前高五十倍的年薪。莫顿不畏麻烦担当责任，终于得到了应有的报酬。可以想象，如果他当时不把工夫花在研究工作而是寻找借口上，会有什么结果。其实，无论你多么普通，只要你敢于拥抱责任，那么机会也就被你握在了手中。

所以，不要抱怨你自己没有机会，应该扪心自问，当机会来临的时候，你在干什么？你认真分析过你手头的工作能给你带来什么样的成就和好处吗？你认真思考过怎样把这份普通的工作做到最好，成为行业第一吗？而你是不是常常在找原因、找借口，忘记了自己的工作呢？

世界上最大的金矿不在别处，就在你自己身上，而我们常常在别处不断地寻找。事实上，最后我们找到的，除了一堆借口，一无所有。相反，如果我们能放弃找借口的消极心态，认真对待工作，在工作中不断思考，就能发现机会，创造出不同凡响的人生。

作者手记

"机会在哪里？"这是很多人，尤其是那些渴望在事业上取得成功的年轻人经常挂在嘴边的一句话。事实上，机会在每一个人的身边。有很多人抱怨机会太少，主要有以下几个原因。

一是缺乏抓住机会的能力，只能眼睁睁地看着机会从身边溜走，除了慨叹"别人机会那么多，我却没有机会"外，什么也做不了。

二是机会来了，却没有做好准备，甚至"缺位"了。

三是没有认识到责任就是机会，见到责任就躲，结果把机会也躲掉了。

上述三种情形中，第三种是最常见的，很多人都吃过这方面的亏。当管理者安排任务时，他们的第一个反应就是："麻烦事来了。"或者说："这是额外的责任，我不能去承担。"像这样的员工，无论在什么样的企业都不会有太大的发展。因此，当你觉得自己是总遇不到伯乐的千里马或者职业道路不顺畅时，不要抱怨环境，而应该问问自己是否忙着找借口，而忘记了承担责任。

借口就像毒品，说多了会上瘾

“优秀员工从不在工作中寻找任何借口，他们总是出色地完成上级安排的任务，替上级解决问题，从不找任何借口推托或延迟。”

许多借口总是把“不”、“不是”、“没有”与“我”紧密联系在一起，其潜台词就是“这事与我无关”——不愿明确自己的工作责任，将自己该为公司做的事推给别人。很多人遇到困难不知道努力解决，只是想找借口推卸责任，这样的人很难成为受企业欢迎的员工。

寻找借口就是向懒惰低头，向怯懦投降，把脸、把心别过去，不去面对真实的自我欺骗与麻痹。“我们从没想过赶上竞争对手，在许多方面人家都超出我们一大截。”当人们为不思进取寻找借口时，往往会这样表白。

借口给人带来的严重危害是让人消极颓废。如果养成了寻找借口的习惯，那么在遇到困难和挫折时，就不是积极地去想办法克服，而是寻找各种各样的借口。这种消极心态剥夺了个人成功的机会，最终将让人一事无成。

彼得曾经问父亲：您眼中优秀的员工什么样？巴菲特回答，一位优秀的员工从不在工作中寻找任何借口，他们总是想客户所想，急客户所急，最大限度地做到极致，并满足客户提出的要求，而不是寻找各种借口推诿；他们总是出色地完成公司布置下来的任务，替公司解决问题；他们总是竭尽全力配合同事的工作，对同事提出的帮助和要求，满口应承，热心帮忙，从不找任何借口推托或延迟。

不要找任何借口，立即行动，全力以赴，诚实忠诚，带上一颗负责任的心去完成我们应完成的每项工作，想尽一切可能解决问题的办法，继续努力，你将会获得非凡的成功。

优秀员工的核心素质是：当遇到问题和困难的时候，他们总是能够主动想办法去解决，而不是找借口回避责任，找理由为失败辩解。

“千金易得，一将难求。”企业的竞争归根到底还是人才的竞争。每一个企业无时无刻不在寻找那些能够推动企业发展、为企业创造最佳业绩的员工。对于这类员工，企业也会给他们以丰厚的待遇和良好的发展空间。那么，究竟哪一种员工才是企业最欢迎、最需要的人？在职场中，哪一种员工最能够脱颖而出、快速成长呢？答案毫无疑问：就是积极找方法解决问题和困难的员工。因为只有能够积极找方法的员工才能够为企业更好地创造出效益，才能够更好地弥补领导的不足，成为推动公司发展的关键力量。

任何借口都是推卸责任。在责任和借口之间，选择责任还是选择借口，能体现出一个人的工作态度。我们把重物举起来，而地球引力却要将它往下拉。我们在工作的过程中，总是会遇到挫折，我们是知难而进，还是为自己寻找逃避的借口？

在工作中，我们常常会听到这样或者那样的借口：“我不是搞这个的，这项工作我完成不了”、“这不是我的职责范围，你应该找别人”、“这么难做，干脆不干了”、“那么认真，何苦呢”、“这个方案当初是某某提出的，出了问题当然应该由他负责，没我什么事”、“没想到，市场变化这么快，活该倒霉”。诸如此类的借口都是缺乏责任心的表现。

霍华德的老朋友丹尼尔在巴菲特家的聚会中，神情激愤地对朋友们抱怨老板长期以来不肯给自己机会。他说："我已经在公司的底层挣扎了十五年了，仍时刻面临着失业的危险。十五年了，我从一个朝气蓬勃的青年人熬成了中年人，难道我对公司还不够忠诚吗？为什么他就是不肯给我机会呢？"

"那你为什么不自己去争取呢？"霍华德疑惑不解地问。

"我当然争取过，但是争取来的却不是我想要的机会，那只会使我的生活和工作变得更加糟糕。"他依旧愤愤不平，义愤填膺。

"能对我讲一下那是为什么吗？"巴菲特听到这个话题很感兴趣。

"当然可以！前些日子，公司派我去海外营业部，但是像我这样的年纪、这种体质，怎能经受如此的折腾呢？"

巴菲特问："这难道不是你梦寐以求的机会吗？怎么你会认为这是一种折腾呢？"

"难道你没看出来？"丹尼尔大叫起来，"公司本部有那么多的职位，为什么要派我去那么遥远的地方，远离故乡、亲人、朋友？那可是我生活的中心呀！再说我的身体也不允许呀！我有心脏病，这一点公司所有的人都知道，怎么可以派一个有心脏病的人去做那种'开荒牛'的工作呢？又脏又累，任务繁重而没有前途……"他絮絮叨叨地罗列着他根本不能去海外营业部的种种理由。

这次，大家都沉默了，因为大家终于明白为什么十五年来丹尼尔没有获得他想要的机会。巴菲特告诉丹尼尔，虽然这听起来很糟糕，但是如果你一直抱着这种心态，在以后的工作中，你仍然无法获得想要的机会——

也许终其一生，你也只能等待。

其实，在每一个借口的背后，都隐藏着丰富的潜台词，只是我们不好意思说，甚至根本就不愿说出来。借口让我们暂时逃避了困难和责任，获得了些许心理上的安慰。可是，久而久之，就会形成这样一种局面：每个人都努力寻找借口来掩盖自己的过失，推卸自己本应承担的责任。

任何借口都是推卸责任。在坚守责任和寻找借口之间，往往体现了一个人的工作态度。消极的事物总是拖积极的后腿。

每个人在工作过程中，总是会遇到挫折，我们是知难而进还是为自己寻找逃避的借口？

试想一下，假若你是一名士兵，假若你正处于战场上，假若你收到一个最简单、最基本的命令——坚守阵地。那么在这生死关头，你还能去哪里找理由？就算有成千上万个理由，又有什么意义？难道在战场上，会因为你看似合理的借口而允许你临阵脱逃？因为你的理由，敌人的大炮不向你开火？战后，会因为你的理由，免除你的失职责任？请记住：结果就是结果，它不会因为你给出理由的多少、好坏而改变。在残酷的事实面前，任何理由都是借口。工作中，无须找任何借口，因为再完美的借口对事情本身都毫无用处，不找借口才是顺理成章的。

一个全心全意对待工作的人，面对挫折和失败不会有任何借口和抱怨，因为这是他的职责所在，理当如此。他们也会因自己的责任心而成为最受企业欢迎的人。

困难算什么，什么都不算，它看起来像强大的敌人，但一样可以被你消灭干净。而借口呢，将使你一事无成。任何借口都是推卸责任。借口就像毒品，说多了会让人上瘾——它的本质也如毒品一般，麻醉你的精神，却让你一事无成。

在遇到一个难以解决的问题或任务时，可能会让你懊恼和焦急万分，这时你是在其中寻找各种各样的借口来为遇到的问题开脱，放弃自己的努力，还是尽一切力量、绞尽脑汁、想尽办法去解决问题？一个聪明人不会把心思花在找借口上，因为再多的借口也无法解决实际问题，不是吗？永远不要放弃，永远不要找借口为自己开脱。要积极寻找办法解决问题，就算没希望了，也再继续努力，从绝望中找出希望。这样，困难将永远不再是困难，而是你能力展现的机会，你也将因此被管理者视为自己的“上将军”。

作者手记

任何一个管理者都希望自己拥有优秀的员工，能不折不扣地完成任务，即使没有完成任务，也能主动承担责任而不是寻找任何借口。

“拒绝借口”应该成为所有企业奉行的最重要的行为准则，它强调的是每一位员工想尽办法去完成任何一项任务，而不是为没有完成任务去寻找任何借口，哪怕看似合理的借口。其目的是为了让员工学会适应压力，培养他们不达目的不罢休的毅力。它让每一个员工懂得，工作中是没有任何借口的，失败是没有任何借口的，人生也没有任何借口。

失败不一定是坏事

"通向成功的路，即把你失败的次数增加一倍。"

人要想取得成功，须有一种"生死搏斗"的精神以及一种勇敢面对失败的心态。只有那些不畏惧失败和挫折、化不利为动力、能够在战胜困难和不幸中锤炼意志的人，才能有所作为，成就事业。

人生之路，不如意事常有八九，一帆风顺者少，曲折坎坷者多，成功是由无数次失败构成的。在追求成功的过程中，必须正确面对失败。乐观和自我超越是一个人能否战胜自卑、走向自信的关键。但失败对人毕竟是一种"负性刺激"，总会使人产生不愉快、沮丧、自卑。

要战胜失败所带来的挫折感，就要善于挖掘、利用自身的"资源"。应该说当今社会已大大增加了这方面的发展机遇，只要你敢于尝试，勇于拼搏，就一定会有所作为。虽然有时个体不能改变"环境"的"安排"，但谁也无法剥夺其作为"自我主人"的权利。

彼得决定自己创业前，心中很不安，他问父亲：如果我失败了怎么办？巴菲特告诉他，失败不一定是坏事，若每次失败之后都能有所"领悟"，把每一次失败都当作成功的前奏，那么就能化消极为积极，变自卑为自信。父亲的话让彼得茅塞顿开。

作为一个现代人，应具有迎接失败的心理准备。世界充满了成功的机遇，也充满了失败的风险，所以要树立持久心，以不断提高应对挫折与干

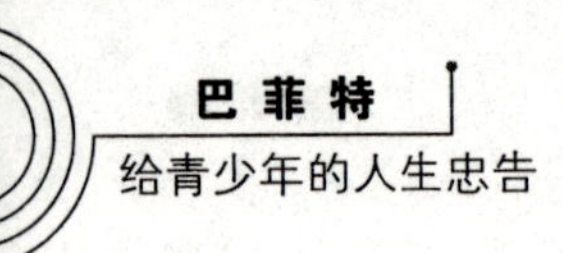

扰的能力，调整自己，增强社会适应力，坚信失败乃成功之母。

成功之路难免坎坷和曲折，有些人把痛苦和不幸作为退却的借口，也有人在痛苦和不幸面前寻得复活和再生。只有勇敢地面对不幸和超越痛苦，永葆青春的朝气和活力，用理智去战胜不幸，用坚持去战胜失败，我们才能真正成为自己命运的主宰，成为掌握自身命运的强者。

其实失败就是对强者和弱者的一块试金石，强者可以愈挫愈奋，弱者则是一蹶不振。想成功，就必须面对失败，必须在千万次失败面前站起来，用持久心战胜一切。然而，许多人常常被失败的阴影所笼罩而陷入泥潭不能自拔，以致畏缩不前，甚至心灰意冷，不敢再有所尝试。因此，成功的果实始终离他们很遥远。如果不经过失败这条荆棘小径，人们是无法踏上成功大道的。

许多遭受重大挫折而屹立不倒的人，无不善于从失败中总结成功的经验。大发明家爱迪生，当他被问及发明电灯前所进行过的两千次失败的实验时说："我只是排除了两千种可能性，因而缩小了可以成功的范围。虽然一次的失败，便足以使多次的成功毁于一旦，而多次的失败，却可能是另一次成功的契机。"

霍华德小时候很羡慕会滑旱冰的小孩，觉得他们很酷。可是不知道为什么，他怎么也学不会。显然，巴菲特知道为什么。不过他还是鼓励他自己去探究那个答案："你应该去问问他们，这其中或许有什么秘诀？"霍华德鼓起勇气去问一个正在溜旱冰的男孩："你是怎样学会溜旱冰的呢？"那孩子回答道："哦，这很简单，跌倒了爬起来，爬起来再跌倒，反复多次就学会了。"霍华德向父亲投去失望的眼神。巴菲特告诉儿子，失败，是走向成功的开始。

正视失败，被巴菲特看作成功的秘诀。许多人之所以获得成功，一个很重要的因素就是他们的屡败屡战。没有经受过大的失败的人，也不会获得大胜利。成功与失败如同人生发展的两个轮子。在实际生活中，只有自信主动、心态积极、坚持开发自己潜能的人才能真正领会它的含义。你做一件事情失败了，这意味着什么呢？无非有三种可能：一是此路不通，你需要另外开辟一条路；二是因某种故障作怪，应该想办法解决；三是还差一两步，需要你进行更多的探索。这三种可能都会引导你走向成功。

事实上，巴菲特自己就是个成功的“失败者”。

巴菲特曾经说过：“我的个人经验就是：用合理的价格买下一家好公司比用便宜的价格买下一家普通的公司要强得多。查理·芒格很早就明白这个道理，然而我的反应则比较慢，但是现在当我们在进行投资时，我们不只是选择出最好的公司，与此同时这些公司还需要有好的经理人。

“曾经我说过，当一个绩效卓著的经理人遇到一家恶名昭彰的企业，通常会是后者占上风。但愿我再也没有那么多精力来创造新的例子，我以前的行为就像是梅·惠斯特曾说的：‘曾经我是个白雪公主，不过如今我已不再清白。’”

巴菲特上面这段话，总结了他投资25年的经验。他也犯了不少的错误，比如受到股票价格低廉的诱惑，而忽略了这个公司的资质。当然，如果你把巴菲特认为是“西方不败”的话，你肯定会失望了。实际上，股神之所以伟大是因为他能从自己的每一次错误中获得力量，同时不会被一次偶然的成功冲昏头脑。

巴菲特的六大错误投资是：

第一，投资不具长期持久性竞争优势的企业。1965年他买下柏克夏海瑟威纺织公司，然而因为来自海外竞争压力庞大，他于20年后关闭了孩纺织工厂。

第二，投资不景气的产业。巴菲特1989年以3.58亿美元投资美国航空公司优先股，然而随着航空业景气一路下滑，他的投资也告大减。他为此一投资懊恼不已。有一次有人问他对发明飞机的莱特兄弟的看法，他回答应该有人把他们打下来。

第三，以股票代替现金进行投资。1993年巴菲特以4.2亿美元买下制鞋公司Dexter，不过他是以柏克夏海瑟威公司的股票来代替现金，而随着该公司股价上涨，如今他购买这家制鞋公司的股票价值20亿美元。

第四，太快卖出。1964年巴菲特以1300万美元买下当时陷入丑闻的美国运通5%股权，后来以2000万美元卖出，若他坚持到今天，他的美国运通股票价值高达20亿美元。

第五，虽然看到投资价值，却是没有行动。巴菲特承认他虽然看好零售业前景，但是却没有加码投资沃尔玛。他这一错误使得柏克夏海瑟威公司的股东平均一年损失80亿美元。

第六，现金太多。巴菲特的错误都是来自有太多现金。而要克服此一问题，巴菲特认为必须耐心等待绝佳的投资机会。

巴菲特的每一次失败，都可称是昂贵的教训。不过，这些看来做“错”的事，却成了他的资本，为他不断的成功打下根基。

成功者不一定具有超常的智能，也大都没有特殊的机遇和优越的条件，更不是没有经历过挫折、艰难与失败的人。相反，成功者大都是历经坎坷、命途多舛，能在不幸的境遇中奋起前行的人。而且也不可否认，对成功者来说，处境的艰险、失败的打击和对于新事物没有经验、把握的特点，也会相应地给他们带来困扰、忧虑、苦恼和烦躁不安的情绪。但成功者不怕这些艰难，不会被困苦的处境压垮，他们最可贵的信念和本事是变压力为动力，从荆棘中开辟新的成功之路。

困难是任何人都会遇到的，面对困难我们没有理由退缩，只有积极地进取才能够让我们从绝境之中闯出一条生路，怀着积极的心态去面对困难永远是我们战胜它的法宝。“狭路相逢勇者胜”，只要我们抱着必胜的信念，成功终将属于我们。

许多人要是没有遇到失败，就不会发现自己真正的才干。他们若不遇到极大的挫折，不遇到对他们生命本质的打击，就不知道怎样发掘自己内部贮藏的力量。爱默生说：“伟大人物最明显的标志，就是坚定的意志，不管环境变化到何种地步，他的初衷与希望，仍然不会有丝毫的改变，而终至克服障碍，以达到所企望的目的。”卡耐基说：“跌倒了再站起来，在失败中求胜利。”这也是历代伟人的成功秘诀。

失败是对一个人人格的考验。在一个人除了自己的生命以外，一切都已丧失的情况下，内在的力量到底还有多少？没有勇气继续奋斗的人，自认失败的人，那么他所有的能力便会全部消失。只有毫无畏惧、勇往直前、永不放弃人生责任的人，才会在自己的生命里有伟大的进展。

人生中会遇见种种意想不到的问题、困难，浅尝辄止和轻易言退是做事的大忌。成功，往往产生于再试一次的努力之中。生活中，不管我们遭受多大的挫折和困难，都不要轻言“不”字。因为说“不”表示关上了追求的大门，“不”这个字指失败、垮台、延误。但是把英文“不”（no）倒过来拼，就有了新希望，因为倒过来拼就成了“继续”（on），就有了活力和动力，就能让人不松懈地“继续”追求人生的目标，直到问题解决。

失败有什么可怕呢？成功与失败，相隔只有一线。即使你认为失败了，只要有“置之死地而后生”的心理态度、自信意识，还是可以反败为胜的。如果你不是怕丢面子，怕别人说三道四，那么失败传递给你的信息只是需要再探索、再努力，而不是你不行。不敢再试一次，是导致一个人事业和人生失败的致命原因。再坚持一下，成功就在拐弯处。

作者手记

有人曾经根据能否有效利用错误的价值把人分为以下四类。

第一类人不能从失败中吸取教训，总是犯相同的错误。这样的人不可救药。第二类人虽然能够从错误中汲取教训，不犯相同的错误，但由于不能从失败中发现规律性的东西，所以总是犯不同的错误。这样的人也难以救药。第三类人能够总结自身错误的教训和规律，算得上是聪明人。但由于只能从自身的失败中进行总结，所以虽然不犯自身相同的错误，但总是犯别人犯过的错误。这类人比第二类人又高出一筹。第四类人既不犯自己犯过的错误，又不犯别人犯过的错误。凡是别人的经验，也成为他的经验；凡是别人的教训，也成为他的教训，只有这类人才是最善于利用失败价值的。

第十章

世上唯有贫穷可以不劳而获

金钱并不是万能的

“金钱多少对于你我没有什么大的区别。我们不会改变什么，只不过是我们的妻子会生活得好一些。”

巴菲特是著名的投资家和企业家，他以“例无虚发”的投资手段著称于世，被人尊称为“股神”或者是“奥玛哈的先知”。巴菲特的投资战绩恐怕只能用“前无古人”来形容，他是有史以来最伟大的投资家。通过对股票和外汇市场的投资，巴菲特站在了世界的财富巅峰。2008年他以620亿美元的净资产超过卡洛斯·斯利姆·埃卢和比尔·盖茨成为全球首富。

从小，巴菲特就对金钱显示出了无限的热爱。

1930年8月30日，沃伦·巴菲特出生于美国内布拉斯加州的奥马哈市。小时候的沃伦·巴菲特就具备了极强的投资意识，他对数字的敏感程度是家族中其他任何人都不能相比的。做数学计算题，特别是用快捷的方式计算复利利息，是巴菲特从儿童时期就非常喜欢而且全心投入的一种消遣娱乐方式。对拥有金钱的感觉，巴菲特也是非常着迷。

五六岁时的巴菲特满脑子都是赚钱的想法，他曾摆地摊出售口香糖，还做过贩卖可乐的小商贩。等到年龄稍长一些，他便带领小伙伴到球场捡用过的高尔夫球，然后转手倒卖。

1941年，刚满11周岁的巴菲特就决定在股票市场试一试水，购买了平生第一支股票。他以每股38美元的价格买进了一种公用事业股票，不久后股票价格上涨到40美元，巴菲特马上将它们全部抛出。虽然首次投资赚钱不多，但还是让巴菲特欣喜不已，坚定了自己在投资界大展身手的决心。

13岁那年，巴菲特找了一份沿固定路线投递《华盛顿邮报》和《时代先驱报》的工作。小有积蓄后，巴菲特买了几台单价为25美元的弹球游戏机，投放在当地的赌场。不久，巴菲特就拥有了7台游戏机并且每周能给家里带回50美元。后来，巴菲特与一位高中好友合资350美元，购买了一辆1934年生产的劳斯莱斯轿车，之后又以每天35美元的价格出租。这样，巴菲特16岁高中毕业时，已经积攒了6000美元。

1947年，巴菲特进入宾夕法尼亚大学攻读财务和商业管理专业。但是教授们的空头理论无法满足巴菲特的求知欲，两年后巴菲特便转学到尼布拉斯加大学林肯分校就读，并在一年内获得了经济学士学位。

1950年，巴菲特申请就读哈佛大学被拒之门外，转而考入哥伦比亚大学商学院。在商学院，巴菲特师从著名投资学理论学家本杰明·格雷厄姆，向其学习投资理论。格雷厄姆反对投机，主张通过分析企业的赢利情况、资产情况及未来前景等因素来评价股票价值。在格雷厄姆的指导下，巴菲特形成并发展了自己的投资理论，这对巴菲特此后的投资事业有着极为深远的影响。

1951年，21岁的巴菲特以唯一一个最高的成绩A+完成学业，获得了哥伦比亚大学经济硕士学位。

1954年，巴菲特在格雷厄姆的邀请下来到纽约，加盟格雷厄姆-纽曼公司。在格雷厄姆-纽曼公司任职期间，对格雷厄姆的投资方法，巴菲特非常着迷并有了进一步了解。

1956年，格雷厄姆-纽曼公司解散，61岁的格雷厄姆决定退休。重新回到家乡奥马哈的巴菲特着手开办了一家合伙投资公司。

1957年，巴菲特掌管的资金达到30万美元，但年末则升至50万美元。

1962年，巴菲特合伙人公司的资本达到了720万美元，其中有100万是属于巴菲特个人的。当时他将几个合伙人企业合并成一个“巴菲特合伙人有限公司”。最小投资额扩大到10万美元。

1964年，巴菲特的个人财富达到400万美元。而此时他掌管的资金已高达2200万美元，到1965年这一数字上升到2600万美元。

1966年春，美国股市牛气冲天，但巴菲特却坐立不安。尽管他所持有的股票价格在上涨，但是他却发现很难再找到符合他标准的廉价股票了。虽然股市上疯狂的资本给投机家带来了横财，但巴菲特却不为所动，因为他认为股票的价格应建立在企业业绩成长而不是投机的基础之上。

1967年10月，巴菲特掌管的资金达到6500万美元。

1968年，巴菲特公司的股票取得了它历史上最好的成绩——增长了46%，而道·琼斯指数只有9%。巴菲特掌管的资金上升至1.4亿美元，其中属于巴菲特个人的资金有2500万美元。

1969年，巴菲特决定结束投资合伙关系。他认为股票市场正处于高度投机的氛围之中，真正的价值投资在分析与决策中所起作用越来越小。60

年代后期，股票市场由高估的股票统治着，“漂亮50股”成了众多投资者津津乐道的话题。像宝丽来、施乐等公司的股票市盈率高达50倍甚至100倍。巴菲特给他的合伙人寄去一封信，表示自己已跟不上现今市场的步伐。巴菲特表示：“我不会放弃先前那种我已深谙其内在逻辑的方法，尽管我知道它应用起来很困难，并且很可能导致相当大的资本损失，但另一方面，这种方法意味着巨大而且显而易见的收益。”

合伙公司解散后，巴菲特把资产转至伯克希尔公司，形成了新的合伙关系。巴菲特在新的合伙公司中的股权增至2500万美元，足以控制伯克希尔公司。

1970年到1974年间，美国股市的景象一派死寂，持续的通货膨胀和低增长使美国经济进入了“滞涨”时期。然而，一度失落的巴菲特此时却暗自欣喜异常，因为他在这一派死寂的景象中看到了财富的生机。他发现在这样的经济境况下，有许多符合自己标准的廉价股票。

1972年，巴菲特开始关注报刊业。他发现拥有一家名牌报刊，就好似拥有一座收费桥梁，任何过客都必须留下买路钱。从1973年开始，巴菲特在暗中收购《波士顿环球》和《华盛顿邮报》的股票。由于巴菲特的介入，《华盛顿邮报》利润大增，每年平均增长35%。10年之后，巴菲特投入的1000万美元升值为两个亿。

1978年，当零售控股公司并入伯克希尔公司时，巴菲特与他的黄金搭档查理·芒格的合作关系正式确定下来。在蓝齿票据公司并入伯克希尔公司后，查理升任为伯克希尔公司的副董事长。

1980年，巴菲特用1.2亿美元、以每股10.96美元的单价，买进可口可乐7%的股份。到1985年，可口可乐改变了经营策略，开始抽回资金，投入饮料生产。其股票单价已长至51.5美元，翻了5倍。

1992年巴菲特以74美元每股购买435万股美国高技术国防工业公司——通用动力公司的股票，到年底股价上升到113元。巴菲特在半年前拥有的32200万美元的股票增值到49100万美元。

1994年年底已发展成拥有230亿美元的伯克希尔工业王国，早已不再是一家纺纱厂，而是变成了巴菲特的庞大的投资金融集团。从1965年到1998年，巴菲特的股票平均每年增值20.2%，高出道·琼斯指数10.1个百分点。如果谁在1965年投资巴菲特的公司10000美元的话，到1998年，他就可得到433万美元的回报，也就是说，谁若在33年前选择了巴菲特，谁就坐上了发财的火箭。

2000年3月11日，巴菲特在伯克希尔公司的网站上公开了当年的年度信件。数字显示，伯克希尔公司的纯收益较去年下降了45%，从28.3亿美元下降到15.57亿美元。伯克希尔公司的A股价格去年下跌20%，是20世纪90年代以来的唯一一次下跌；同时伯克希尔的账面利润只增长0.5%，远远低于同期标准普尔21%的增长，是1980年以来的首次落后。

2007年3月1日晚间，“股神”沃伦·巴菲特麾下的投资旗舰公司——伯克希尔公司公布了其2006财政年度的业绩，数据显示，得益于飓风“爽约”，公司主营的保险业务获利颇丰。伯克希尔公司在2006年利润增长了29.2%，盈利达110.2亿美元（高于2005年同期的85.3亿美元）；每股盈利7144美元（2005年为5338美元）。

1965年到2006年的42年间，伯克希尔公司净资产的年均增长率达

21.46%，累计增长361156%；同期标准普尔500指数成分公司的年均增长率为10.4%，累计增长幅为6479%。

巴菲特对中国企业的投资也有极大斩获。2003年4月，正值中国股市低迷徘徊的时期，巴菲特以每股1.6港元至1.7港元的价格大举买入中石油H股23.4亿股，这是他所购买的第一只中国股票。在卖出股票后，巴菲特净赚7倍。

2008年9月28日，巴菲特投资2.3亿美元买下了在香港上市的比亚迪公司2.25亿股的股票，约占整个公司10%的股份。此后比亚迪股价翻涨近七倍，使得巴菲特一年间就有13亿美元的账面获利。

纵览巴菲特的一生，会看到他无时无刻不在追逐金钱的道路上疾走。让人意外的是，这样一个重视财富的人，却又对财富看得很轻。巴菲特家的孩子从小就不被允许拥有很多的零花钱，长大之后也不能从父亲那里获得财富，只能用自己的努力去赚取。这对一个世界顶级富豪来说，显得是那么不可思议。巴菲特觉得这是理所当然的，他从小就对三个孩子灌输一种观念：金钱非万能。他的孩子们也接受了父亲的观念，一直都在努力工作，认真生活，从没有哪个孩子试图用金钱为自己带来所谓的幸福。

在巴菲特看来，幸福是无法用金钱买到的。即使你有钱，也无法买到别人对你的尊敬、无条件的爱情、天赐的健康。

迷恋金钱，会使金钱作为美好生活的手段的价值消失，而使金钱本身成了一种目的。当金钱被置于爱情、信任、家庭、健康和个人幸福之前时，它总是倾向于腐烂。金钱的价值越是超出它的实际市场价值，这种腐烂就能越深入地渗透。就像索尔·贝娄在《洪堡的礼物》一书中所写的："抓住金钱不放很难。这就像一块小冰块一样。你不可能刚刚成功获得它，然后就生活安逸……当你获得金钱时，你将经历一次质变。你不得不与内部的和外部的、可怕的力量竞争。这些力量也许产生不信任、妒忌、甚至对拥有更多的任何人的憎恨及对任何阻碍你发财的人的敌意。"

一心只想着钱的人，始终只是一个非常可怜的生物。

作者手记

金钱能够买到舒适，促进个人自由，但一旦钻到钱眼里，金钱就会束缚个人的自由。令人沮丧的是，金钱的诱惑常常似乎与手头拥有的数目直接成正比例：你拥有越多，你越想要。正如亚里士多德对那些富人们所描写的那样："他们生活的整个想法，是他们应该不断增加他们的金钱，或者无论如何不损失它。"

不要养成无限制地省钱存钱的坏习惯，这一点是每个聪明人都必须小心在意的。而且，对年轻人来说，生活过分节俭很可能养成贪婪的性格。在一个地方是美德的东西，在另一个地方很可能变成邪恶。对金钱的崇拜——而不是金钱本身——是罪恶的渊源。对金钱的崇拜禁锢和压迫着人的灵魂，它关闭了人闪通向慷慨大方的生活和行动的大门。

金钥匙也许是金匕首

“生下来嘴里就含着一个金钥匙的人，最后可能变成背上扎着金匕首的人，因为他们容易产生权力感而鲜有成就。”

很多父母热衷于为孩子创造最好的物质条件，而不是教给他们自力更生的能力。《易经》中讲道：“积财伤道。”聪明的父母从来都不会给孩子留下财富，担心他们会坐吃山空，会丧失谋生的能力。这样的做法，是为孩子的一世着想。

父母给孩子最好的礼物，不应该是昂贵的礼物或金钱，比有形的财富更重要的，是在保护中让他前进、尝试的环境。用金钱来奖励，其实是扼杀了孩子的尝试机会，让一切想要的东西都变得简单、唾手可得，他们就失去了支配自己的生活、教育自己、锻炼自己的能力和意识。巴菲特很注重对儿女的教育，他深知过多的金钱对孩子来说非但不是爱，反而是一种伤害。

彼得曾经接受过中国记者采访，记者问了这样一个问题：

“在中国，‘富二代’似乎成了堕落、炫富、败家的代名词，而作为一个‘富二代’的榜样人物，你对这些现象有何看法？”

彼得回答：“任何背景出生的人，都有可能让人敬慕或遭人唾弃。我坚信个人以什么样的方式对待他人，正表明他也期望得到同样的对待。如果‘富二代’并不理解自己的幸运所在，这对他个人和世界而言都是一种悲哀。同样，如果‘富二代’只关注外在的幸福，他们将无法理解真正的自我价值所在。爸爸曾告诉我，生下来嘴里就含着一个金钥匙的人，最后可能变成背上扎着金匕首的人，因为他们容易产生权力感而鲜有成就。”

财富可以带来个人的成就感和事业，但是在匮乏的教育面前，再多的财富也无能为力，甚至帮倒忙，让孩子的劣行更大程度地“施展”，祸患社会。

巴菲特拥有的财产难以计数，但是他对孩子们的财富管理特别严格。巴菲特的家的孩子们想从父亲那里得到精神财富很容易，想得到物质财富却很难。巴菲特的大儿子霍华德1973年高中毕业时，想向父亲要5000美元买一辆小型护卫舰轿车。巴菲特没有拒绝儿子的要求，不过有个条件，这笔钱属于借款，其中一半用今后三年所有的生日礼物、圣诞礼物、毕业礼物来抵销，剩下一半钱要霍华德自己想办法来凑。霍华德积攒零花钱连带打工，辛辛苦苦才凑齐了买车钱。

有人问巴菲特，你这么多钱，为什么还要如此吝啬？巴菲特认为这不是吝啬，而是责任。他之所以这样做，是要让孩子知道钱来之不易。只有养成他们节俭的习惯，孩子长大后才能有所作为。

培养孩子正确的财富观念，非一朝一夕之功，需要从生活各个方面给予引导。其中，零花钱是孩子和金钱打的第一笔交道，管好孩子零用钱，是培养孩子理财的一个很重要的细节教育。有些父母担心给小孩零用钱会养成他们浪费的习惯，或拿去做不正当的活动，不但影响功课，而且会使孩子走入歧途，造成一生的遗憾。因此，对给零用钱一事应十分慎重。事实上，在孩子的成长过程中，金钱的运用是一项很重要的社会学习，它深深影响孩子一生的人际关系与人格、心理的发展，无论采取过度限制还是过度放任的做法，都不太妥当。给孩子零用钱，并非只是为了满足他们的需要，而是能够教会孩子具有经济头脑，也能够训练孩子养成良好的理财习惯，而且这类教育宜早不宜迟。只有受到良好金钱观教育的孩子，长大成人后才能对金钱抱有正常的心态，才能处理好人与金钱的关系。

因此，和孩子商定零花钱的数目有着很大的学问。

首先零用钱要给得适当。一是数额要适当，要根据家庭经济状况和孩子的合理需要统筹考虑。一般以够支付孩子合理的开支为限，不宜多给，也不宜少给。多给，容易养成孩子大手大脚的习惯，使孩子不知钱来之不易，不珍惜父母用血汗换来的金钱；少给，又不能满足孩子正常合理的需要，弄得不好，还可能引发孩子私自拿钱或偷窃行为。

二是时间要适宜。零用钱可以选在一个有纪念意义的日子开始给，如小孩上学的第一天等，告诉孩子这笔钱的用处，并使他懂得自己在家庭中的地位和责任，之后可以定期发给。根据孩子的年龄，对不同阶段的儿童零用钱发给的数目与时间可以不同。

三是零花钱的数额必须适合孩子的不同身心发展阶段和生活范围。孩子入小学就可以给零花钱，低年级时，依据孩子的活动范围和特点，一般以自己为主，因此只考虑孩子本身的需要；而到了高年级，孩子的思想范围和活动范围逐渐扩大到亲属、邻居、朋友，花销也就相应增加。究竟给多少合适呢？这需要认真调查研究，考虑到家庭收入、当地经济生活水平和物价等各种因素，总的原则是比孩子所需数额稍低一些为佳，定期发给较合适，1个月1～4次。其原因是，如果孩子要多少给多少，想买啥就买啥，一切都能随心所欲，孩子就不会懂得金钱的价值和财富的宝贵。反过来，自己的愿望得不到满足时，孩子就会感觉到钱不能乱花，东西也不能乱扔，开始领悟到钱应该省着点儿花，动脑筋少花钱多办事，或者为了买到自己喜欢的东西而积攒零花钱。

最后，让孩子从小体验到因没钱或钱不足而买不到自己迫不及待想要的东西而感到惋惜和无可奈何的情绪。这种情绪，使人不容易忘却，很长时间都会影响着人。这不仅使孩子进一步认识到金钱的价值和重要性，而且还能对孩子想象力起着催化剂的作用，使孩子为追求更有价值的和美好的东西进行设计、策划，增长智慧。

如今，许多男孩一直过着饭来张口、衣来伸手的生活，只要有需要，就可以毫不费力地从父母处要到钱。但对于这些钱是怎么来的，他们从来没想过。

父母不妨带孩子到自己的工作场所去参观一下。通过这些，让他知道钱是从哪里来的，了解钱的来之不易，了解钱在生活中扮演的重要角色，这样会使孩子反思自己的消费行为和消费习惯，他们会主动想着去挣钱，而不是随时伸手向父母要钱。

在其他一些发达国家的家庭里，家长也都很注重孩子“独立赚钱”能力的培养。在日本，许多学生利用课余时间在饭店洗碗、端盘子，在商店售货或照顾老人，做家教等赚取学费和零花钱。在美国，七八岁的小孩就成了“小生意人”，出售他们的“商品”挣钱零用。

孩子终有一天要长大，也终有一天要走向社会，不如让这棵“温室的花朵”早日接受外界的风吹雨打。当孩子下次向你要钱时，请用巴菲特对待孩子的方式对待他，让他明白：要花钱，自己挣！

作者手记

也许是中国的父母曾经受过很多苦，当他们日子好起来时，便把所有的宠爱都给了孩子，借以补偿自己童年的缺失。孩子在“溺爱”的环境中长大，没有任何自理和自立能力。

被喂养惯了的动物在接受放养时，通常自己不会捕食。大自然的生存法则告诉我们：动物如果学不会自己捕食的话，就会被饿死。同样的道理，在父母的庇护下长大的孩子通常没有在社会独自生存的能力。一旦父母因为一些原因无法顾及他们，他们就只能被社会淘汰。所以，与其给孩子很多金钱，不如教会孩子生存的技能。

家族传承的应该是精神而不是财富

“我所拥有的每一股股票都已经事先指定捐赠给慈善事业，我希望整个社会能够从这些生前赠予和死后遗赠中收获到最大限度的好处。”

拥有巨额财富的巴菲特非常热衷于公益事业。2006年6月25日宣布，巴菲特宣布将总价达375亿美元的私人财富捐给慈善事业，占个人总财富的85%。这笔巨额善款捐给了由比尔·盖茨夫妇创立的慈善基金会。对此，比尔·盖茨基金会发表声明说："我们对我们的朋友沃伦·巴菲特的决定受宠若惊。他选择了向比尔与美琳达·盖茨基金会捐出他的大部分财富，来解决这个世界最具挑战性的不平等问题。"此外，巴菲特还将向为已故妻子创立的慈善基金捐出100万股股票，同时向他三个孩子的慈善基金分别捐赠35万股的股票。

这分慷慨让世界震惊。要知道，在这之前，巴菲特可是位铁公鸡似的人物，与他乐善好施的前妻苏珊大相径庭。于是有人做出了这样的评价："妻子苏珊的爱心，是零售式的，她喜欢一对一地沟通、一对一地帮助他人；巴菲特的爱心，是批发式的，对于个人，他显得无情；对于人类，他博爱，散尽身家。"他甚至将捐赠提上了整个公司的日程，在2001年致股东的信中，巴菲特用了大量篇幅陈述这一问题：

"关于慈善捐赠，伯克希尔所采取的做法与其他企业有显著的不同，但这却是查理和我认为对股东们最公平且合理的做法。

首先，我们让旗下个别的子公司依其个别状况决定各自的捐赠，只要求先前经营该企业的老板与经理人在捐赠给私人的基金会时，必须改用私人的钱，而非公款。当他们运用公司的资金进行捐赠时，我们则相信他们这么做，可以为所经营的事业增加有形或无形的收益。总计去年，伯克希尔的子公司捐赠金额高达1920万美元。

至于在母公司方面，除非股东指定，否则我们不进行任何其他形式的捐赠。我们不会依照董事或任何其他员工的意愿进行捐赠，同时我们也不会特别独厚巴菲特家族或曼格家族相关的基金会。虽然在买下公司之前，部分公司就存在有员工指定的捐赠计划，但我们仍支持他们继续维持下去，干扰经营良好公司的运作，并不是我们的作风。

为了落实股东们的捐赠意愿，每年我们都会通知A股股东的合法登记人（A股约占伯克希尔所有资本的86.6%），他们可以指定捐赠的每股金额，至多可分给三家指定慈善机构，由股东指名慈善机构，伯克希尔则负责开支票，只要国税局认可的慈善机构都可以捐赠。去年在5700位股东的指示下，伯克希尔捐出了1670万美元给3550家慈善机构，自从这项计划推出之后，累计捐赠的金额高达1.81亿美元。

大部分的上市公司都回避对宗教团体的捐赠，但这却是我们股东们最偏爱的慈善团体。总计去年有437家教会及犹太教堂名列受捐赠名单，此外还有790间学校，至于包含查理和我本人在内的一些大股东，则指定个人的基金会作为捐赠的对象，从而通过各自的基金会做进一步的分配运用。

每个星期，我都会收到一些批评伯克希尔捐赠支持计划生育的信件，这些信件常常是由一个希望伯克希尔受到抵制的单位所策划推动，这些信件的措辞往往相当诚挚有礼，但他们却忘了最重要的一件事，那就是做出此项捐赠决定的并非伯克希尔本身，而是其背后的股东，而这些股东的意见可想而知本身就非常的分歧。举例来说，关于堕胎这个问题，股东群中支持与反对的比例与美国一般民众的看法比例相当，我们必须遵从他们的指示，不论他们决定捐给计划生育或者是生命之光，只要这些机构符合税法的规定，这就等于是我们支付股利，然后由股东自行捐赠出去一样，只是这样的形式在税负上比较有利。

不论是在采购物品或是聘用人员，我们完全不会有宗教上、性别上、种族上的考量，那样的想法不但错误，而且无聊。我们需要人才，而在我们能干又值得信赖的经理人、员工与供货商当中，充满了各式各样的人士。

想要参加这项计划者，必须拥有A级普通股，同时确定您的股份是登记在自己而非股票经纪人或保管银行的名下，同时必须在2002年8月31日之前完成登记，才有权利参与2002年的捐赠计划。当你收到表格后，请立即填写后寄回，逾期恕不受理。”

这份规模庞大的捐款规划，让每一个有幸目睹的人都印象深刻。无论是媒体还是民众，都对巴菲特这一举动感到意外。他之前展现给世人的形象是热情洋溢的金钱之拥趸，绝非一个慈善家。也正是因为如此，让不少人对他颇有微词。不过生性洒脱的巴菲特并不介意，他不会为了别人的眼光而改变自己的做事方式。

事实上，想要恰如其分地描绘出巴菲特的形象并非易事。不喜欢他的人对他不置可否，喜爱他的人会为他着迷。从外表来看，简朴、坦诚的巴菲特貌不惊人，具有祖父般和蔼慈祥的面容和天才般的智慧。超凡的智慧和幽默，让巴菲特具有一种独特的魅力，令人为之吸引。正如巴菲特的好友比尔·盖茨在文中写道：“他的笑话令人捧腹，他的饮食——一大堆汉堡和可乐——妙不可言。简而言之，我是个巴菲特迷。”

据统计，在长达40多年的时间里，巴菲特的年度复合收益保持在20％以上。在统计的24个年份中，他的股票组合在20个年份中打败了标准普尔500指数，而且两者的差距非常大，以至于连分析师都惊叹地说，即便是运气超人也难以做到如此出色。巴菲特倡导的价值投资理论风靡世界，他也被称为是这个世界上“除了父亲之外最值得尊敬的男人”。

与股神巴菲特共进午餐的机会，从2000年起开始每年进行一次拍卖，所得善款全部捐给美国慈善机构。2010年6月12日上午，经过9位出价人77次激烈角逐，2010年度巴菲特午餐价格最终落槌在2626311美元，超过2008年创造的211万美元最高拍卖纪录。花如此巨资卖得一次与巴菲特共进午餐的机会，无非是想一睹股神的风采以及向股神取经。

但是，巴菲特的孩子们从这位非凡的父亲身上获得的精神财富要远远超出物质财富。小儿子彼得曾经讲："父亲给了我信任感，让我在情感上获得很大的满足。如果问他问题，他会非常耐心地回答我，而且只要我需要建议，就一定会从他那里得到。"而且，孩子们深知财产的实际意义是什么，并没有抱怨父亲在遗产分配上的"吝啬"。彼得说："这可能听起来很奇怪，但是我从来没有想过会从父亲的成功中获得多少利益。很多人认为我要赚钱，然后传承给下一代。无论如何，我不是这样想的。这是父亲的成功，不是我的，他会做他想要做的事情。让我感到欣慰的是，我不用担心因为父亲的巨额财富而影响我的生活。我总是相信我能走自己的道路，实现自己的梦想。"这恐怕是巴菲特三兄妹共同的心声。

在我国，经常听说某某家长倾尽全力给子女安排一份好工作，谋求一个好职位，用心可谓良苦。这些人总是"聪明一时，糊涂一世"，把老祖宗"财富不长宜子孙"的忠告置于脑后。

一般人在富贵了之后自然想到封妻荫子，给子孙留下一笔可观的财富。但是，我们从历史上看，很多人虽然留了很多财富，子孙都不会享受一辈子的。名门之后，还想高人一等，结果是连普通人都不如，享受少而受苦多，有出息的更少。在东南亚的华侨，有很多人发了大财，但是，传到第二代，就破产了。电脑大王王安有若干亿美元的财富，传到第二代也就破产了。所谓“富不过三代”，这是一种比较普遍的社会现象。

问题在于这些人把钱的作用扩大化了，把钱看作万能，因而忽视了对孩子的教育以及独立生活能力的培养。积累财富任其消费，以为这样就是爱心的充分体现。实际上，这是危害子女的普遍做法。“坐食山空”，即使有金山、银山也会花完的。鉴于古人的教训，我们应该如何为子孙后代计划呢？

我们应该给孩子留下些什么？林则徐做出了最好的回答：“子孙若如我，要钱干什么，贤而多财，则损其志；子孙不如我，留钱干什么，愚而多财，益增其过。”

曾国藩写信给儿子说：“银钱田产最易长骄气逸气，我家断不可积钱，断不可买田，尔兄弟努力读书，绝不怕没有饭吃。”

为人父母者假若不下苦心培养子女的一技之长，在当今乃至今后“凭本事吃饭”竞争日趋白热化的社会里，你的孩子那个饭碗如何能端得牢靠？你纵然财大气粗富甲一方，给你的孩子留下一座金山，也架不住子孙坐吃山空、挥霍一尽。

中国现今的大中城市出现了一批批的“啃老族”。他们并非找不到工作，而是主动放弃了就业的机会，赋闲在家，不仅衣食住行全靠父母，而且花销往往不菲。这种教育方式和巴菲特的教子方式大相径庭。“啃老族”的出现让我们不禁想到中国的那句老话：富不过三代。

富不过三代的背后到底隐藏着怎样的意义呢？“富不过三代”是因为后代不能继续吃苦，缺乏危机感，而且过分追求享乐，把前人的家业都挥霍掉了。第一代人，不怕困难，不怕吃苦，踏踏实实，克服一切困难，最后取得了成功；第二代人，虽然没有经历创业的艰辛，但深受父辈的影响，还能够勤于自勉，努力工作，但是跟第一代人比起来，用功和吃苦的程度已经大大降低了；第三代人，创业的艰辛，对于他们来说已经是很久远的事了，他们没吃过苦，也不知道什么是吃苦，认为今天得到的一切是理所当然的。因而随意挥霍，不知珍惜，长久下去，自然家境衰败。

“富不过三代”告诉人们，再富也要穷孩子。在竞争激烈的现代社会里，要让孩子知道，富裕的生活是要靠自己的双手去争取的，不能让孩子以为父母已经提供了一个衣食无忧的环境，不需要自己奋斗。富裕如巴菲特，资产够孩子吃几辈子也选择对孩子放手，守着有限财产度日的我们有什么理由不让孩子自己去创造财富？

作者手记

养尊处优并不是父母送给孩子的最好礼物，恰恰可能为孩子埋下祸根。倒是那些从小就挣扎在社会最底层的人们，没有别的出路，没有任何指靠，只有以死相争，反而常常可以出人头地、建功立业。理性的家长懂得用金钱为孩子健康成长提供基本条件，而不是让孩子在挥霍金钱中消磨意志，自毁前程。

第十一章

财富也可以创造希望

帮助那些急需帮助的人

"做慈善就要雪中送炭。"

在人的一生中，金钱并不是最重要的东西，不要把金钱看得太重。一个人如果处于社会弱势群体一边，势必对金钱拥有强烈的欲望，因为一旦拥有金钱，他就可以改变自己的人生地位，使自己不再被人呼来喝去，颐指气使，使自我认知发生天翻地覆的变化。但金钱真的是最重要的吗？其实未必。人一定不能因为想要迫切改变现状而被金钱欲冲昏了头脑。对待金钱，人们既要热爱它，又必须冷静地对待它，就像翁纳西斯所说："人们不应该追着金钱跑，而要迎面向它走去。"

金钱并不是人生中最重要的东西，你要掌握金钱，而不能让金钱掌握你。一笔有限的收入有两种安排方法：一种是精打细算地将衣食住行小心翼翼地考虑进去，虽然事事顾全了，但最终觉得无收获；另一种是把钱花在自己喜好的事情上，如果难以做到兼顾的话，还不如先满足重要的方面，而在其他的方面克扣一下。

钱在生活中并不是决定一切的。只要有眼光，看准了那些能使你幸福的东西，就应不惜金钱去得到它。巴菲特认为，他拥有巨大的财富是因为他的幸运，去帮助那些需要帮助的人才是这些财富的意义所在。

巴菲特曾对佛罗里达大学商学院的学子说："我认为我自己是罕见的幸运。让我在这里花上一两分钟讲个例子，也许值得我们好好想想。让我们做这样一个假设，在你出生的24小时以前，一个先知来到你的身边。他说：'小家伙，你看上去很不错，我这里有个难题，我要设计一个你将要生活的世界。如果是我设计的话，太难了，不如你自己来设计吧。所以，在24小时以内，你要设计出所有那些社交规范、经济规范，还有管理规范等等。你会生活在那样一个世界里，你的孩子们会生活在那样一个世界里，孩子们的孩子们会生活在那样一个世界里。'你问先知：'是由我来设计一切吗？'先知回答说是。你反问：'那这里肯定有什么陷阱。'先知说：'是的，是有一个陷阱。你不知道自己是黑是白，是富是穷，是男是女，体弱多病还是身体强健，聪明还是愚笨……你能做的就是从装着65亿个球的大篮子里选一个代表你的小球。'

我管这游戏叫子宫里的彩票。这也许是决定你命运的事件，因为这将决定你出生在美国还是阿富汗，有着130的智商还是70，总之这将决定太多太多的东西。如何设计这个你即将降生到的世界呢？

我认为这是一个思考社会问题的好方法。当你对即将得到的那个球毫不知情时，你会把系统设计得能够提供大量的物品和服务，你会希望人们心态平衡，生活富足，同时系统能源源不绝地产出（物品和服务），这样你的子子孙孙能活得更好。而且对那些不幸选错了球、没有接对线路的人们，这个系统也不会亏待他们。

在这个系统里，我绝对是接对了路，找到了自己的位置。我降生后，人们让我来分配资金。这活本身也并不出彩。假设我们都被扔在了一个荒岛上，谁都走不出来，那么在那个岛上，最有价值的人一定是稻谷收获最多的人。如果我说，我能分配资金，估计不会招什么人待见。

我是在合适的时间来到了合适的地方。盖茨说如果我出生在几百万年前，权当了那些野兽的鱼肉耳。我跑不快，又不会爬树，我什么事也干不了。他说，出生在当代是你的幸运。我确实是幸运的。

时不时地，你可以自问一下，这里有个装着65亿小球的篮子，世界上的每个人都在这里：有人随机取出另外100个小球来，你可以再选一个球，但是你必须把你现有的球放回去，你会放回去吗？100个取出的小球里，大约5个是美国人吧，95个不是。如果你想留在这个国家，你能选的就只有5个球。一半是男生，一半是女生，一半是高智商，一半是低智商。你愿意把你现在的小球放回去吗？

你们中的大多数不会为了那一百个球而把你自己的球放回去。所以，你们是世界上最幸运的1%，至少现在是这样。这正是我的感受。一路走来，我是如此幸运。在我出生的时候，出生在美国的比率只有50比1。我幸运有好的父母，在很多事情上我都得到幸运女神的眷顾……幸运地出生在一个对我报酬如此丰厚的市场经济里，对那些和我一样是好公民的人们，那些领着童子军的人们，周日教书的人们，养育幸福的家庭。他们可能在报酬上未必如我，但也并不需要像我一样呀。

我真的非常幸运，所以，我盼着我还能继续幸运下去。如果我幸运的话，那个小球游戏给我带来的只有珍惜，做一些我一生都喜欢做的事情，并和那些我欣赏的人交朋友。我只同那些我欣赏的人做生意。如果同一个令我反胃的人合作能让我赚1个亿，那么我宁愿不做。这就如同为了金钱而结成的婚姻一般，无论在何种条件下，都很荒唐，更何况我已经富有了。我是不会为了金钱而成婚的。”

这段话充溢着巴菲特式的幽默与谦虚。他没有将巨额财务归结于自己卓越的能力，而认为那是命运的赠予。他愿意将这珍贵的命运礼物与所有人分享。所以2006年6月26日，巴菲特在纽约的公共图书馆举行会议，邀请包括比尔·盖茨夫妇在内的各方人士见证他签署捐赠文件，将大部分财产捐赠给慈善机构。他从2006年7月起，逐步将其掌握的伯克希尔一哈撒韦公司的股票的大部分，捐赠给比尔·盖茨基金会以及另外4个由他的子女及亲属管理的慈善机构。这笔捐赠据估计高达370亿美元，占巴菲特全部440亿资产的85%。

沃伦·巴菲特有一颗清醒的头脑，他知道金钱可以用来做什么，也知道金钱在自己生命中的地位，所以他将这些钱捐赠了出来，他的生命价值不但不会在公众的心目中有所下降，反而更加受人尊重了。巴菲特的“感恩社会”是真诚恳切的自发行为，这是一种令人肃然起敬的社会性品格。

巴菲特家族一向热衷于帮助那些需要帮助的人。巴菲特认为做慈善就要雪中送炭，他对锦上添花的事情没有兴趣。他拒绝为世界一流的大学捐款，却乐于把善款投入贫困社区的教育事业。对真正有需要的人伸出援手，才是慈善的意义所在。给不需要帮助的人更多的东西，是人们在行善时最易犯的错误。举例来讲，如果巴菲特把钱捐给了哈佛大学，那么他只会给教育条件已经很优越的哈佛添砖加瓦，对于哈佛教学质量质的提升没有什么帮助。但是同样一笔钱要是给了一个贫困社区，校舍得到改建，教学器材得到丰富，教学质量得到提高，更多的孩子愿意到学校来上课，社区里寻衅滋事的孩子少了，孩子们受了教育找到了体面的工作，他们的家庭状况得到改善……这种捐助，改变的将是成百人甚至上千人的人生。

帮助他人还有一个重要的方面，就是不仅仅要给人以金钱的帮助，还要给予精神层面的帮助。巴菲特不止一次和孩子们讲，对人心灵的帮助对一个人的意义同样重大。我们应该时时伸出热情的手，时时关怀和帮助别人，因为我们的帮助，不仅能助人一臂之力，而且能给对方带来力量和信心，使他们有更大的勇气去战胜困难。特别是当一个人遇到挫折、处于逆境之中时，热情的帮助更是对他有特殊的意义。

巴菲特是一位细心的父亲，当孩子们还年幼时他就告诉他们，帮助别人，尤其是帮助一个很落魄的人，千万不要表现出很高贵的样子，最好是暗中帮助他，或者帮助能让对方能心安理得地接受。对于落魄中的人，他们的自尊心极其敏感，如果稍不注意，就会适得其反，人家不但不会领你的情，还会给你“白眼”，吃力不讨好的事情也就发生了。

一个真正会助人的人，在帮助他人时绝不会表现得像一个高高在上的施予者。这是对他人人格的一种尊重。由此可见，做一个乐善好施的人也不是那么简单的事情，还要讲究方式方法，在行动中展现出一点人情味，这样别人会更加感激。

人生之中会遭遇许多挫折，有时遭受的甚至是毁灭性的打击，在这种时候，没有人会拒绝别人善意的帮助。电影或小说中经常有一些这样的片段：两个本是对手的人，其中一方落难后得到另一方的救助，而后两人成了亲密的朋友。敌人之间尚且如此，更何况大多数人是我们的朋友。因此，保持一颗同情心至关重要。

一份无私的爱心价值千金，特别是对于一个需要关爱的人来说，其价值更是无可估量。

无论如何，帮助别人总是件不错的事。如若我们能摒弃功利的想法，就会发现雪中送炭比锦上添花更能让人快乐。

作者手记

俗话说，“投之以桃，报之以李”，今天你帮助他人，给予他人方便，他可能不会马上报答，但他会记住你的好处，也许会在你不如意时给你以回报。退一万步来说，你帮助别人，他即使不会报答你的厚爱，但可以肯定的是，他日后至少不会做出对你不利的事情。如果大家都不做不利于你的事情，这不也是一种极大的帮助吗？生活的目标是善良，这是我们的灵魂所固有的一种感情。

财富有时候只是一个数字

“你所付出的只是价钱，你所得到的才是价值。”

巴菲特很喜欢赚钱，甚至达到痴迷的程度。当他还是个孩子时就养成一种习惯，每当黄昏时到小报摊上买一份载有股市收盘的当地晚报回家阅读。当他的朋友都在忙着娱乐的时候，他则说："有些人热衷于研究棒球或者足球，我却喜欢研究怎么赚钱。"在谈到投资的时候，巴菲特总是说："玩扑克的时候，你应当认真观察每一位玩者，你会看出一位冤大头，如果看不出，那这个冤大头就是你。"

巴菲特从来不乱花钱去做自己不喜欢的事情，他总是琢磨赚钱的办法。孩子们会与父亲开玩笑说："您已经是百万富翁了，感觉如何？"他的回答让孩子们深思："凡是我想要的东西而又可以用钱买到的时候，我都能买到。至于其他人所梦想的东西，比如名车、名画、豪宅我都不为所动，因为我不想得到。"

巴菲特并不是一个为金钱而生活的人，他甚至不需要金钱来装饰他的生活，他喜欢的仅仅是游戏的感觉。一次次投入资金，又一次次地通过自己的智慧把钱赚回来，充满了风险和艰辛，但是也颇为刺激，他喜欢的就是刺激。金钱对巴菲特来说并不重要，重要的是赚钱的过程，即不断地接受挑战的乐趣。不是要钱，而是赚钱，看着财富滚雪球般增大才是最有趣的事情。这也就解释了这位"贪财者"为何对慈善有如此大的热情。在接受福克斯电视新闻网采访时他讲过："赚钱非常有趣，就好像参与一个擅长的游戏，这样能保证腿脚灵活，耳聪目明。尽管这个游戏对我来说并不需要手眼的精密配合，像很多其他的工作那样，但是我想象不出更有趣的游戏了。当然，知道这些钱能帮助那些需要的人也是很不错的感觉。我经常收到人们的来信，不仅是感谢我的捐款，他们还在信里详细告诉我因为这些捐款，他们的生活如何被彻底改变。当想到可能有数百万人因为捐款而免于患上疟疾，或者站在小一点的角度，某个人的私人问题因为我的捐款而解决了，这都是非常美妙的感觉。”显然，分享让巴菲特充满了快乐。他与我们想象中吝啬的富翁不同，他没有在金钱中迷失自己。

赚钱不过是为了生活得更幸福一些，如果因为金钱而把生活的过程给忽略了，那就是很不合算的交易。人们追求金钱，是为了使生活更舒适，但奇怪的是，人们一旦有了钱，反而更忙碌，更无法舒舒服服地过日子。有些商人就是这样，终日忙于赚钱，虽然腰缠万贯，却失去了享受人生的机会。而成功人士却在世界上过得极为潇洒，他们最会赚钱，同时也最会享受生活。

财富不仅仅是钱财，它的内涵很丰富，钱财之外还有很多很多东西，许多东西比钱财更重要。可惜，世间有很多人看不到这一点，许多烦恼便由此而生。他们难与幸福结缘，而常常和不幸结伴同行。

不少人觉得拥有金钱就等于拥有幸福。事实果真如此吗？一项权威调查表明，年薪在100万元以内的人，钱越多越能感到幸福，而年薪在100万元以上的人，会越来越难感到幸福。《南方周末》曾就60位“人均拥有财富为22.02亿元人民币”的国内顶尖富豪的精神世界进行了一次调查，结果是有70％的富豪认为财富给自己带来了“不安全感”，不是快乐，而是害怕和担心。

人人都有欲望，都想过美满幸福的生活，都希望丰衣足食，这是人之常情。但是，如果把这种欲望变成不正当的欲求，变成无止境的贪婪，那我们就会无形中成为欲望的奴隶。

在欲望的支配下，我们不得不为了权力、为了地位、为了金钱而削尖脑袋向里钻。我们常常感到自己非常累，但是仍觉得不满足，因为在我们看来，很多人比自己的生活更富足，很多人的权力比自己更大。所以，我们别无出路，只能硬着头皮往前冲，在无奈中透支着体力、精力与生命。

扪心自问，这样的生活，能不累吗！被欲望沉沉地压着，能不精疲力竭吗！静下心来想一想：有什么目标真的非让我们实现不可，又有什么东西值得我们用宝贵的生命去换取？聪明人就应该学会适当地修剪一下自己的欲望，不让那些不必要的贪念支配你的生活。

一个带着过多包袱上路的人注定不会走得快，只有卸下身上的包袱才可能走得更快，我们总是让生命承载太多的负荷，这个舍不得丢掉，那个舍不得丢掉，最终被压弯腰的是我们自己。请放下太多的虚荣，放下太多的功利，放下金钱的压力，为我们自己的肩膀减负。聪明者敢于放弃，聪明者乐于放弃，高明者善于放弃。人，其实天生就懂得放弃，但放弃并非盲目的，而是有选择地放弃，重在选择，次在放弃。放弃失落带来的痛楚，放弃屈辱留下的仇恨，放弃心中所有难言的负荷，放弃耗费精力的争吵，放弃没完没了的解释，放弃对权力的角逐，放弃对金钱的贪欲，放弃对虚名的争夺——放弃的是烦恼，摆脱的是纠缠，收获的就是快乐，拥有的就是充实。

不奢求华屋美厦，不垂涎山珍海味，不追时髦，不扮贵人相，过一种简单自然的生活，一种外在的财富也许不如人、但内心享受充实富有的生活。这是自然的生活，有劳有逸，有工作的乐趣，也有与家人共享天伦的温馨、自由活动的闲暇。

西方包括美国在内的许多国家的人，现在倡导过一种“简单的生活”。他们试着离开汽车、电子产品、时尚圈子，看能不能活得快乐。这被称作“草根运动”。他们强调简化自己的生活，并非完全抛弃物欲，而是要把人的专一于身外浮华物上的注意力移出适当比例，放在人自身上、精神上、心灵情感上，过一种平衡和谐从容的生活、一个真正有感知的人的生活，实质是提升生活品质。

“简单生活”并不是要你放弃追求，放弃劳作，而是要你抓住生活、工作中的本质及重心，以四两拨千斤的方式，去掉世俗浮华的琐务。卡尔逊说：“简单生活不是自甘贫贱。你可以开一部昂贵的车子，但仍然可以使生活简化。一个基本的概念在于你想要改进你的生活品质而已。关键是诚实地面对自己，想想生命中对自己真正重要的是什么？”

其实，幸福很简单。幸福与金钱并没有必然的联系。幸福只是一种身体和心理的快乐感受，是你身心舒适、自由，摆脱了欲望羁绊后的无忧无虑。而这样的体会金钱并不能给你。俗话说，钱可以买到房子，但买不到家；钱可以买到床，但买不到睡眠；钱可以买到钟表，但买不到时间；钱可以买到书本，但买不到知识；钱可以买到职位，但买不到尊敬；钱可以买到药品，但买不到健康；钱可以买到血液，但买不到生命；钱可以买到性，但买不到爱。金钱能解决的问题都不是问题。金钱和幸福不能画等号。幸福是知足，是豁达。幸福是短暂的满足与快感。幸福是发自内心的感觉，在于我们的体会。幸福是享受自由，也是给他人自由。幸福不分性别，不依赖于年龄，不取决于财富。

巴菲特深谙此道，他时常会教导孩子们为他人付出。他认为，金钱本身是冰冷无意义的，付出金钱能使人感受到人性的温情。有人之所以生活得有意义，有快乐感，有充实感，是因为他舍得付出，而不是处心积虑地想占有。如果你养成付出、奉献的习惯，就会拥有心灵和金钱的同时富足。

也正是因为对人生的如此理解，巴菲特倾向于给孩子精神上的财富而非物质上的财富。他曾对记者说："我会留给他们（指巴菲特子女）足够的钱使他们还能做其他事情，但不是太多的钱让他们不会做任何事。我认为这（将巨额财富全部留给子女）对社会不好，对孩子们也不好，不过这并不是最重要的。……我能得到现在所拥有的，在很大程度上说是这个社会的结果，因为我出生在一个巨大的资本主义社会，而且时机合适。和我的付出相比，我得到的物质财富多到不成比例。但是有很多人和我一样是良民，他们或者前往伊拉克战场服役，或者在自己的社区中辛勤服务，但是都不像我一样被"疯狂"回报，我已经拥有了生命中想要的一切。一想到巨额的回报不是回到社会而是仅给予少数几个人，原因是这几个人正是从我太太的子宫里出来的，这个念头会让我发疯。"

在巴菲特这里，财富只是一个标注游戏输赢的数字，与幸福无关。让很多人意外的是，孩子们并没有因为父亲没留给他们巨额财产而心生怨恨，他们对父亲的决定都非常理解。看来，巴菲特是一位称职的父亲，他教会了孩子们什么才是幸福的真意。

作者手记

人们对金钱的认知容易进入一个误区，即金钱等价于幸福。其实赚钱是为了更好地生活，人应该在工作之余，好好休息。在成功人士的心中，解放自己的日子，才是真正的假日。如果一个人在工作之余还在为工作烦恼，或者把工作带回家做，那么他是很不幸的，因为他隐性地牺牲了休息的时间。这样赚来的钱，对生活有什么意义？

赚钱是为了享受，知道如何享受生活，才能拥有一个丰富的人生。财富有时候只是一个数字，金钱的多少与幸福的多少没有必然关联。

你能使这个世界更美好

"我们能给世界贡献的最宝贵的并不是金钱，而是温暖和爱。"

巴菲特是个幽默风趣的人，他有自己的爱好，秉持自己的原则，无论是在生活习惯上还是在事业上。琳达·格兰特在谈到巴菲特的饮食习惯时说："他点了一杯樱桃可乐作为开胃酒，又点了一些牛排，几个厚厚的多汁汉堡，根本没有考虑当时谈之色变的胆固醇恐惧症。最近的一个晚上，在格拉特牛排餐厅，这个在奥马哈市他最喜欢的饭店，在往T形牛排上厚厚地撒了一层盐后，巴菲特说：'你知道我们的寿命长短取决于父母这件事？我认真观察过我母亲的锻炼和饮食情况。她在跑步机上已经走了4万英里。’说完他吃吃地笑了起来，把手伸向土豆煎饼和意大利式细面条。”看过这段的人都不禁莞尔。朋友们都乐意与这个爽朗的人交往，与他相处总是觉得那么轻松快乐，比尔·盖茨甚至公开宣称自己是一个“巴菲特迷”。

这个快乐的人，在用自己独特的魅力感染着身边的人，也试图通过双手改变世界。他拥有让人艳羡的财富，但他并未让金钱腐朽成灰，而是用这些钱来做慈善事业。这个老顽童希望他这辈子玩得最得心应手的东西——金钱，能让世界变得更美好。

用自己的力量帮助别人，是巴菲特家族的一贯作风。他的前妻苏珊甚至因为乐于助人被人们称为圣人、天使。苏珊是一个特别的人，她喜欢交朋友，她的新朋友每隔几天都会增加一些，这个和巴菲特完全不一样。巴菲特的朋友都是经过很长时间的考验，才成为真正的朋友。

因为众多的朋友，所以苏珊经常会有很多礼单需要处理。因为整天去帮助他人，她的生活变得异常忙碌。苏珊称自己为“空中吉卜赛老人”。她的日程安排总是很紧张：和孙子们在一起、照顾临终者或病患、短途旅行、到各地处理基金会的工作、定期与巴菲特和家人见面。即便是她的朋友也很难见上她一面，她一直都飞来飞去，根本无法控制自己对别人的关心。需要她关注的人越来越多，数目大得惊人，那时候就连最要好的朋友要和她联系也只能通过帮她那排日程的凯瑟琳·科尔。

一些朋友认为苏珊强迫自己忙于各种工作，一副乐此不疲的样子，而事实上已经完全失去了自己的正常生活。随着生活的忙碌，苏珊的健康状况越来越糟糕，这个曾经帮助别人渡过难关的人，却没能帮助自己战胜病魔，最终于2004年去世。

苏珊的离世让巴菲特悲痛欲绝。他继承了妻子的遗愿，妻子去世后不久，他就联系比尔·盖茨进行了那次著名的捐赠。他的两个儿子、一个女儿也在慈善事业上越发努力。

巴菲特是金融巨子，儿子和女儿也都赤手空拳打出了一番属自己的天下，他们并没有为自己的财富着迷，他们着迷的是如何为世界带来更多的爱。他们是幸运的，不仅仅是因为他们拥有傲人的财富，更重要的是他们洞悉了幸福的真意。他们给世界贡献的最宝贵的并不是金钱，而是温暖和爱。

巴菲特从小就告诉孩子们，不能与人和谐相处，不能容纳别人的缺点和短处，是一个人失败的根源。你以蔑视无情的态度对人，即使对方不是与你针锋相对，亦会对你敬而远之。在与人交往的过程中，你可以通过掌握一些简单、自然、平常和易学的沟通技巧，来使自己成为一个受人喜爱的人。巴菲特之所以被很多人喜爱，与这些技巧有很大关系。

巴菲特让孩子们要做平易近人的人，和别人打交道要轻松自如。也就是说，在别人和你打交道的时候，不要让人有一种紧张感。据说，有的人“你很难同他打交道”，他很难接近。这往往是一个在交往中难以克服的障碍。而一个平易近人的人却很好相处，并且言谈举止都很自然。

巴菲特总能营造出一种舒适、愉快、友好的氛围。和他在一起，不会像戴着一顶破旧的毡帽、趿拉着一双破烂的鞋子、穿着一件宽大破旧的袍子一样，尴尬难堪。一个表情僵硬、冷漠、毫无反应的人，是难以融入一个集体之中的。

善解人意，体贴别人也是与人相处的重要一条。一个体贴别人的人，总是能设身处地为别人着想，不让别人紧张、拘束，更不会让别人尴尬难堪。

待人接物落落大方、不卑不亢，在交往中也很重要。一般来说，具备这种素质的人必须具备宽阔的胸襟。因为，那些特别注重别人对自己的态度的人，那些害怕别人嫉妒自己的地位和职务的人，那些在生活中处于优势地位的人，是很少对别人态度冷淡的，而且，一般也不轻易对别人生气。

某个大学的心理学系对那些受人喜爱的和不受人喜爱的人的性格作了分析。他们对100个个性特征作了科学分析，指出：一个人要想赢得别人的喜爱，就必须具备46个引起人们好感的个性特征。也就是说，你要想为大众所接受，就必须具备许多的优秀品格。巴菲特对孩子们讲，要想让别人喜欢你，你必须具备一个基本的品格。这就是要忠诚、正直和具有爱心。或许，只要我们具备了这一基本品格，其他的各种品质也就自然而然地具备了。

无论是金钱上的慷慨还是性格上的热情，都为巴菲特家族的人加分不少。但是作为一个普通人，我们却很难做到。主要是因为，我们的欲望吞噬了那些能让生活变得美好的东西。

作为一个普通人，你或许是平凡的，但你不一定就不是幸福的。你的财富往往就是这些看似平凡的东西，只要你拥有一颗知足的心，就不会被虚荣蒙蔽你的眼睛，你就能够发现这一切，它们都不应当被你忽略。一批又一批人前赴后继地把自己绑上欲望的战车，纵然气喘吁吁也不歇脚。不断膨胀的物欲、工作、责任、人脉、金钱几乎占据了现代人全部的空间和时间。许多人每天忙着应付这些事情，几乎连吃饭、喝水、睡觉的时间都没有。其实，很多人都无法静下心来检查自己“已有的”或“曾经拥有的”，都总是“看到”或“想到”自己“失去的”或“没有的”。这当然就注定了他们的奔波忙碌。

也许我们这一代人都太精明了，无论是待人或处事，很少检讨自己的缺点，总是记得“对方的不是”以及“自己的欲求”。到头来，因为每个人的心态正彼此相克，所以很少能如愿以偿。相反，如果这个社会中的每个人都能够试图将对方的不是及自己的欲求尽量放一放，多多检讨自己并改善自己，那么彼此之间将会产生良性的互补作用，这也是我们所乐意见到的。相信每一个人都希望重新见到过去那种不那么功利的社会。我们要学会给自己的“利欲熏心”减肥，不要让那些无谓的争端引爆了灾难的炸弹，破坏了我们的幸福。

巴菲特和他的孩子们，力求拥有一个无悔的人生。这也是每个心中有梦的人所向往的。怎样才能让自己的生活过得更加有意义，怎样在自己的生命历程里留下一点可供回忆的东西？对于很多人来说，这是一个关乎理想与人生的问题，一个在规划与遗憾中徘徊的问题。因为当我们意识到这个问题的时候，想到的总是：过去我都做了什么，而未来我还能做什么。于是，生命中便多了一份悲叹，悲叹时光的流逝、光阴的虚度；更多了一份迷惘，迷惘未来的难料、前路的虚空。有没有人想过，现在，此时此刻，当下的每一天，我们可以做些什么，不是夸夸其谈的丰功伟绩，而是每一件具体的事，具体到生活中的点点滴滴。

我们没有力量捐出很多钱或是主持慈善基金，并不代表我们并不能做慈善。我们可以参加一次募捐活动，不论是哪个机构组织的，不论是捐献给谁的，总之，我们知道组织者是为了给献爱心的人一个奉献的入口，被捐献的人是需要我们关心和温暖的可怜人。

捐款或是捐物，捐多少，这都不是重点，尽力而为，量力而行，一切视个人能力和爱心而定，没有法律强制规定，也没有政府的强行指令，只是个人付出的自由之举。你要相信，你捐出的不仅是一天的收入，而且是关爱生命的一片爱心，得到的回报将是受益者一生的感谢。捐赠不分多少，善举不分先后，爱心点点，汇流成河。阳光五彩斑斓，生命生而平等，爱心的阳光照耀生命，生命从此多姿多彩。

你献出一片爱心，将给困境中的弱者带来生命的温暖、生存的勇气和生活的希望，而世界也会因为这一点一点的爱，变得更加美好。

作者手记

奉献是一种美德，也是一种快乐。这个世界上，总有一些人是值得我们无所求地去奉献的。奉献收获的是快乐的果实，沉甸甸。在我们心里，永远慈心为人，善举济世。关注社会弱者是社会各界共同的义务和责任。伸出你的手，伸出我的手，就能为贫弱者撑起一片蓝天。